服装缝制工艺理论习题集

主 编
彭 华 冉 林

副主编
曹玮玮 杨 琼 罗 敏 陈友玲

参 编
何 敏 张海燕 李 俊

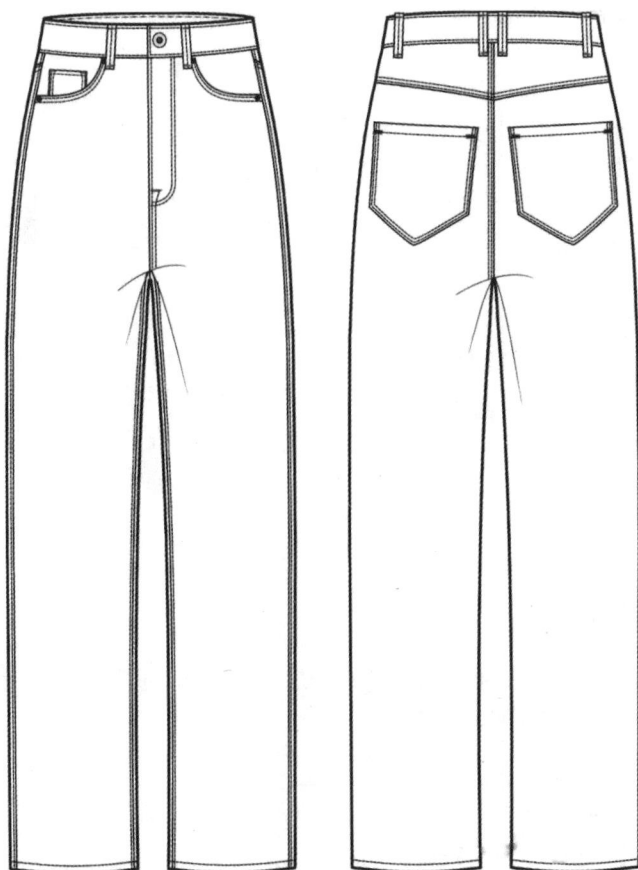

重庆大学出版社

图书在版编目（CIP）数据

服装缝制工艺理论习题集 / 彭华, 冉林主编 .
重庆：重庆大学出版社, 2025. 7. -- (中等职业学校
服装专业教材). -- ISBN 978-7-5689-4723-7

Ⅰ. TS941.63-44

中国国家版本馆 CIP 数据核字第 20247FV741 号

服装缝制工艺理论习题集

主　编　彭　华　冉　林
副主编　曹玮玮　杨　琼　罗　敏　陈友玲
参　编　何　敏　张海燕　李　俊
策划编辑：蹇　佳

责任编辑：赵　晟　　　　版式设计：蹇　佳
责任校对：关德强　　　　责任印制：张　策

*

重庆大学出版社出版发行

社址：重庆市沙坪坝区大学城西路 21 号

邮编：401331

电话：(023)88617190　　88617185(中小学)

传真：(023)88617186　　88617166

网址：http://www.cqup.com.cn

邮箱：fxk@cqup.com.cn(营销中心)

全国新华书店经销

中雅(重庆)彩色印刷有限公司印刷

*

开本：889mm×1194mm　1/16　印张：8.75　字数：140 千
2025 年 7 月第 1 版　　2025 年 7 月第 1 次印刷
ISBN 978-7-5689-4723-7　定价：38.00 元

前言

本习题集植根于编者对重庆市服装设计与工艺类专业历年考试大纲、考试内容及考试要求的深度剖析与总结。此习题集为学生提供了丰富多样的巩固训练习题，旨在高效地助力学生深刻理解并牢固掌握知识精髓。

本习题集紧密贴合教材脉络，其章节依教材项目顺序编排，内容涵盖服装缝制工艺基础、下装缝制工艺、上装缝制工艺、成衣品质以及专业综合测试的全面考量，共计五大板块。知识体系既系统又全面，由浅入深，循序渐进，既契合学生的认知规律，又紧贴职业学校的教学实际。

本习题集重点聚焦章节知识的核心与难点，精心提炼缝制工艺中理论与实践兼具的内容。题型丰富多样，包括填空题、选择题、判断题、看图填空题、简答题五种，旨在全方位锻炼学生的思维能力与解题技巧。每个章节末尾均设有强化训练题，旨在检验学生对章节知识的掌握程度，进一步巩固与强化重难点知识。此外，习题集还根据高职分类招生考试的要求及内容，精心编写了两套专业综合测试题，内容涵盖服装结构、服装工艺、服装设计三门课程，旨在全面提升学生的综合素养与应试能力。

本习题集由彭华、冉林、杨琼三位老师共同完成项目习题的编写，陈友玲统稿与校正；强化训练及综合测试卷一、二由罗敏、曹玮玮编写；综合测试试卷服装结构部分由张海燕、何敏、李俊共同参与编写。

鉴于编写时间紧迫，加之经验尚浅，习题集中难免存在不足之处。恳请广大师生及专家不吝赐教，提出宝贵意见。

编　者
2024年1月

目　　录

项目练习

项目一　服装缝制工艺基础知识

任务一　手缝工艺基础

一、填空题

1.手缝工艺具有操作灵活方便、针法丰富的特点,运用在现代服装中可概括为____、____、____、____、____等工艺。

2.手缝针的选用与____、____、____、____有着不可分割的关系。

3.明缲针可用于服装的____、____、____等部位的固定;明缲针操作时,正面只能缲____根纱线,不可有明显线迹,针距____cm左右。

4.纳针的针距为____cm左右,行距为____cm左右,横直对齐成____形。

5.西服驳头以下的反面止口处,一般采用____手缝针法,针迹应离开止口____cm,针距____cm左右。

6.锁扣眼的步骤按____、____、____、____、____五个步骤完成。

7.按扣分凹凸两片,凸形扣钉在____衣片里层,正面不露线迹;凹形扣钉在____衣片正面与凸形扣相对应的位置,针法同____。

8.钉四孔纽扣的缝线大多钉成_____、_____或_____。

二、判断题

1.通常手工针的选用原则为料厚针粗,线粗针也粗。　　　　　　　（　　）

2.短绗针是手缝针法中最基础的针法,适用于缝型的临时固定。　　（　　）

3.钩针通常用于西服驳头、领头、垫肩等部位,使这些部位具有一定弹性和硬挺度。

（　　）

4.拱针用于西服驳头以下的反面止口处,主要起固定和装饰作用。　（　　）

5.圆形扣扣眼的大小应根据纽扣直径加上纽扣厚度来确定。　　　（　　）

6.在纳男西服驳头时要注意使衬松面紧绷,这样纳针后的驳头才能自然卷起且富有弹性。　　　　　　　　　　　　　　　　　　　　　　　　　（　　）

7.通常钉钩在门禁一侧,而襻钉则在里襟一侧,钉钩的一侧需要放出,襻的一侧需要缩进。　　　　　　　　　　　　　　　　　　　　　　　　　（　　）

8.手缝针的型号是号码越小,针身越粗越长;号码越大,针身越细越短。　（　　）

9.锁扣眼的针距一般控制在0.3 cm左右,需在扣眼周围0.15 cm处打衬线。（　　）

10.蝴蝶结是通过将布料缝合并抽缩形成像蝴蝶一样的布花,且具有较强的功能性,通常用于童装和女装的重要部位。　　　　　　　　　　　　　　　（　　）

三、单项选择题

1.用于抽袖山吃势和收拢圆角内缝的手工针法是（　　　）。

　　A.短绗针　　　　　　B.明缲针　　　　　　C.暗缲针　　　　　　D.长短绗针

2.用于缝合较长或不规则部位时的临时定位手缝针法是（　　　）。

　　A.长短绗针　　　　　B.暗缲针　　　　　　C.钩针　　　　　　　D.杨树花针

3.用于西服夹里底边、袖口以及毛呢服装底边滚条贴边,且夹里底边和贴边都不露针迹的手缝针法是（　　　）。

A.明缲针 　　　　　B.暗缲针 　　　　　C.钩针 　　　　　D.杨树花针

4.以下选项中,具有增加牢度和弹性特征的手缝针法是( )。

A.纳针 　　　　　B.钩针 　　　　　C.缲针 　　　　　D.三角针

5.用于拷边后固定贴边的手缝针法是( )。

A.纳针 　　　　　B.钩针 　　　　　C.缲针 　　　　　D.三角针

6.以下选项中,不具备装饰作用的手缝针法是( )。

A.三角针 　　　　　B.拱针 　　　　　C.缲针 　　　　　D.杨树花针

7.用于精做女式两用衫和大衣夹里的下摆贴边,起装饰作用的针法是( )。

A.十字 　　　　　B.三角针 　　　　　C.杨树花针 　　　　　D.钩针

8.用手缝针法缝抽而成的连续花形带状饰物的装饰手缝针法是( )。

A.元宝褶 　　　　　B.蝴蝶结 　　　　　C.雕秀 　　　　　D.十字针

四、看图填空题

根据图形写出对应的手缝针法。

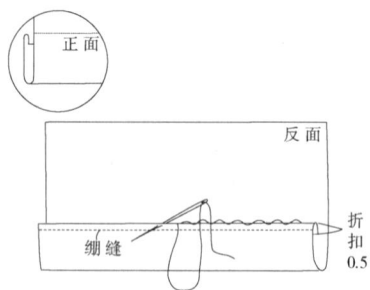　　　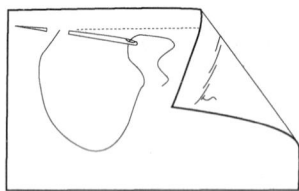　　　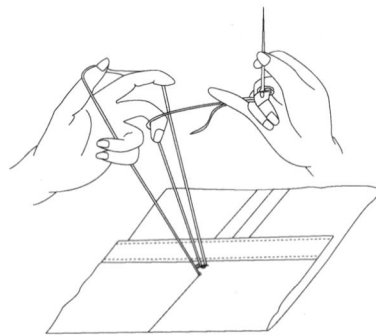

①　　　　　　　　②　　　　　　　　③

①_____　　　②_____　　　③_____

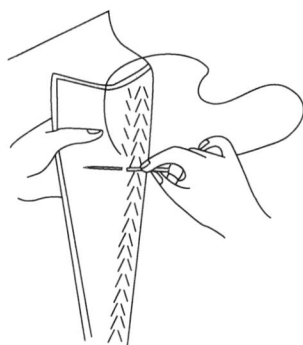

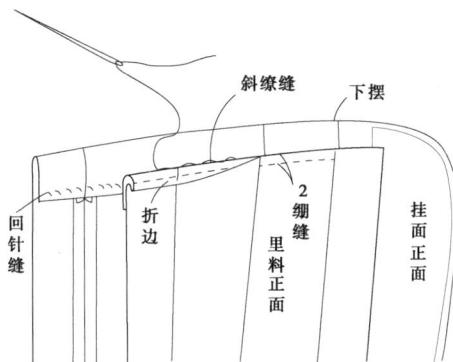

斜缭缝　下摆

回针缝　折边　2 绷缝　里料正面　挂面正面

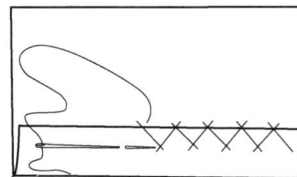

④　　　　　　　　⑤　　　　　　　　⑥

④＿＿＿＿＿＿＿＿＿　⑤＿＿＿＿＿＿＿＿＿　⑥＿＿＿＿＿＿＿＿＿

任务二　机缝工艺基础

一、填空题

1.1790年，＿＿＿＿＿＿＿＿发明了世界上第一台单线链缝线迹缝纫机。

2.机针的选用原则是＿＿＿＿＿＿＿＿＿＿＿＿＿＿机针越粗；＿＿＿＿＿＿＿＿＿＿＿＿＿＿＿＿＿针越细。

3.安装机针时，要求机针的长槽应位于操作者的＿＿＿＿＿＿＿＿。

4.衡量缝纫质量的标准是＿＿＿＿＿＿＿、＿＿＿＿＿＿＿、＿＿＿＿＿＿＿。

5.针迹的调节是靠旋紧或旋松＿＿＿＿＿＿＿＿＿＿＿，有时也会调节＿＿＿＿＿＿＿＿的松紧，使面线松紧适度；针迹的调节必须是按衣料的＿＿＿＿＿＿＿、＿＿＿＿＿＿＿、＿＿＿＿＿＿＿合理进行。

6.通常情况下，薄料、精纺料3 cm长度为＿＿＿＿＿＿＿针，厚料、粗纺料3 cm长度为＿＿＿＿＿＿＿针。

7.机缝的起落针根据需要可采用＿＿＿＿＿＿＿或＿＿＿＿＿＿＿两种方式收牢。

8.倒回车针可重复来回缝＿＿＿＿＿＿道，长度控制在＿＿＿＿＿cm，约＿＿＿＿＿针。

二、判断题

1.机针的号码越小针身越细，号码越大针身越粗。　　　　　　　　（　　）

2.缝线的选用原则在粗细上与机针的选用原则一样，同时还应考虑选料的成分、质感和工艺要求是否相符。　　　　　　　　　　　　　　　　　　（　　）

3.机针长槽的位置不正，会出现断针和跳针的现象。　　　　　　　（　　）

4.缝制厚、紧、硬的面料时，应适当调紧底线和面线，增加压脚压力，并降低送布牙的高度，其目的是避免衣料出现起皱缩的现象。　　　　　　　　　　（　　）

5.机缝时，应同时拉紧上、下层衣片，其目的是保持上、下层衣片长短一致。（　　）

6.平缝适用于某些需要拼接但又不显露在外的部位的缝合,其特点是缝子平薄、不起梗。 （　　）

7.在缝制过程中,机针到达转角部位时,机针要刺入转角处才能抬起压脚转换方向。 （　　）

8.在缝纫过程中,只能在起针、落针处倒回车针,中途断线不可倒回车针,以免影响缝纫质量。 （　　）

三、单项选择题

1.起到调节、控制针距稀、密的选项是(　　)。

　　A.夹线器　　　　　B.送布牙　　　　　C.针距螺母　　　　D.旋梭

2.不符合缝制薄、松、软衣料要求的选项是(　　)。

　　A.底、面线适当放松　　　　　　B.压脚压力适当减小

　　C.送布牙适当放低　　　　　　　D.针距调稀

3.当底线过紧、面线过松时,正确的处理方式是(　　)。

　　A.适当旋松梭皮螺丝和夹线弹簧

　　B.适当旋紧梭皮螺丝和夹线弹簧

　　C.适当旋松梭皮螺丝,旋紧夹线弹簧

　　D.适当旋紧梭皮螺丝,旋松夹线弹簧

4.用于衣片拼接的缝型是(　　)。

　　A.坐缉缝　　　　　B.贴边缝　　　　　C.来去缝　　　　　D.平缝

5.两层衣片进行平缝后,其中一层衣片坐倒,使缝口分开,在坐缝上缉一道线。该描述的缝型是(　　)。

　　A.来去缝　　　　　B.分坐缉缝　　　　C.贴边缝　　　　　D.明包缝

6.以下选项中,用于衣片拼接部位的装饰和加固的缝型是(　　)。

　　A.坐缉缝　　　　　B.来去缝　　　　　C.滚缝　　　　　　D.外包缝

7.两层衣片反面相叠,平缝0.3 cm缝头后,将其翻转,使正面相叠合缉0.5~0.6 cm。该描述的缝型是(　　)。

　　A.搭缝　　　　　　B.来去缝　　　　　C.明包缝　　　　　D.暗包缝

四、看图填空题

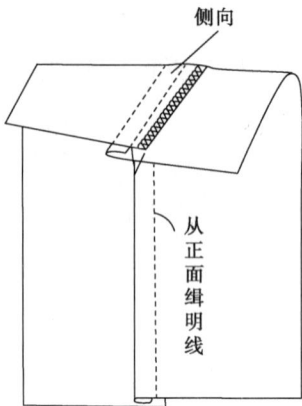

① _____

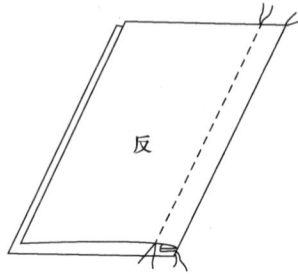

② _____

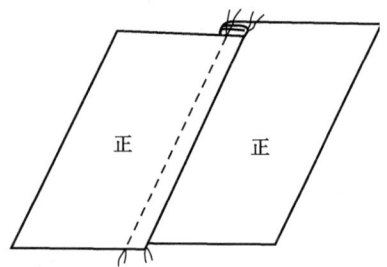

③ _____

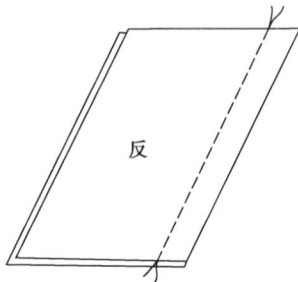

④ _____

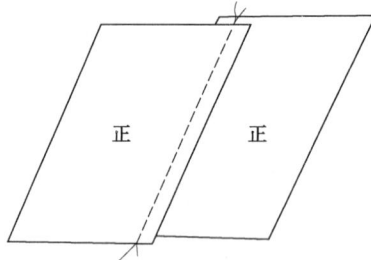

⑤ _____

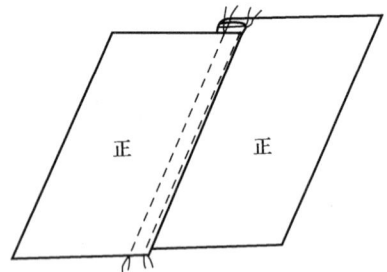

⑥ _____

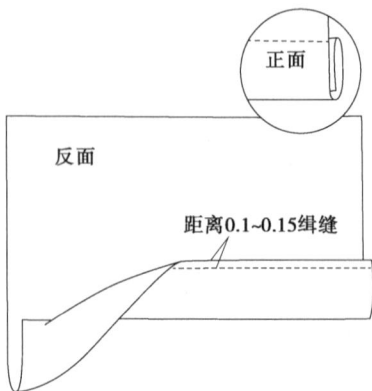

⑦ _____

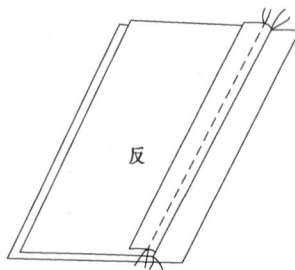

⑧ _____

任务三　熨烫工艺基础

一、填空题

1.熨烫定型的五要素是＿＿＿＿＿、＿＿＿＿＿、＿＿＿＿＿、＿＿＿＿＿、＿＿＿＿＿。

2.熨烫方式包括＿＿＿＿＿、＿＿＿＿＿、＿＿＿＿＿、＿＿＿＿＿和
＿＿＿＿＿＿＿＿＿＿等。

3.适合用于辅助熨烫衣服中胖势和弯势等部位的熨烫工具是＿＿＿＿＿。

4.烫布的作用是＿＿＿＿＿,一般采用＿＿＿＿＿＿＿布料作为烫布最佳。

5.熨烫工艺,＿＿＿＿＿是把衣片胖势向预定的方向推移;＿＿＿＿＿是把衣片某一部位按预定要求伸长;＿＿＿＿＿＿是把某一部位按预定要求缩短。

6.棉织物的耐热范围为＿＿＿＿＿℃,在原位熨烫停留时间为＿＿＿＿＿秒。

7.扣烫形式包括＿＿＿＿＿、＿＿＿＿＿、＿＿＿＿＿。

8.平烫的质量要求包括＿＿＿＿＿、＿＿＿＿＿、＿＿＿＿＿。

9.适用于熨烫半成品的袖缝和其他一些弧线缝的熨烫辅助工具是＿＿＿＿＿。

二、判断题

1.混纺或交织面料的熨烫温度选择应遵循就低不就高原则。　　　　（　　）

2.一般垫湿布熨烫用力要重,而当湿布烫干后压力要逐渐减轻。　　（　　）

3.熨烫过程旨在使织物达到预期的变形效果,而定型则需要通过冷却来实现。

（　　）

4.柞蚕丝服装一般不能喷水熨烫,但可以盖湿布进行熨烫。　　　　（　　）

5.维纶服装在熨烫时只能采用喷水熨烫或垫湿布熨烫的方法。　　　（　　）

6.人造丝的耐热范围为110～130℃,在熨烫时可原位停留的时间为3～4秒。

（　　）

7.在所有织物中,毛织物的耐热性最低,因此在进行原位熨烫时停留时间为2～3秒。　　　　　　　　　　　　　　　　　　　　　　　　　　　　　　（　　）

8.在熨烫衣料时只能在反面进行,且熨斗需沿着衣料的经向不停移动,在此过程中不要随意拉伸衣料,保持用力均匀,确保移动有规律。　　　　　　　　（　　）

9.合成纤维面料的耐热温度为130～150℃。　　　　　　　　　　　　（　　）

10.将衣片归烫后的胖势推向中间所需部位的过程,是归的延续。　　（　　）

三、单项选择题

1.以下选项中,熨烫温度可适当调高的面料类型是（　　　　）。

  A.混纺或交织面料   B.质地较厚面料

  C.质地较薄面料   D.易变色面料

2.以下选项中,全部可采用喷水熨烫的面料是（　　　　）。

  A.棉、麻、黏胶、柞蚕丝   B.合成纤维、涤纶、维纶、腈纶

  C.棉、麻、合成纤维、丝、呢绒 D.棉、维纶、黏胶、合成纤维

3.以下选项中,熨烫压力可适当增大的选项是（　　　　）。

  A.质地轻薄、结构松软面料 B.质地较厚、结构松软面料

  C.质地较厚精纺面料   D.灯芯绒、平绒类面料

4.以下选项中,耐热性最高的织物是（　　　　）。

  A.棉   B.尼龙   C.麻   D.合成纤维

5.测定熨斗温度时,当水滴在熨斗底面出现极短促的"扑哧"声或无声。此时熨斗温度已达到（　　　　）。

  A.120～140℃   B.140～170℃

  C.170～200℃   D.200℃以上

6.先将烫好的布料反面向上,然后将两层缝分倒向一边压烫的过程称为( )。

    A.平烫   B.分烫   C.倒烫   D.起烫

7.适用于熨烫已缝制成圆筒形缝子部位的熨烫工具是( )。

    A.长烫凳   B.弓形烫   C.铁凳   D.布馒头

8.尼龙面料的耐热温度的范围是( )。

    A.90 ~ 100 ℃   B.110 ~ 130 ℃

    C.110 ~ 140 ℃   D.150 ~ 170 ℃

9.真丝面料的耐热温度的范围及原位熨烫停留时间为( )。

    A.70 ~ 90 ℃   3 ~ 4秒   B.110 ~ 140 ℃   4 ~ 6秒

    C.110 ~ 130 ℃   3 ~ 4秒   D.150 ~ 170 ℃   2 ~ 3秒

四、看图填空题

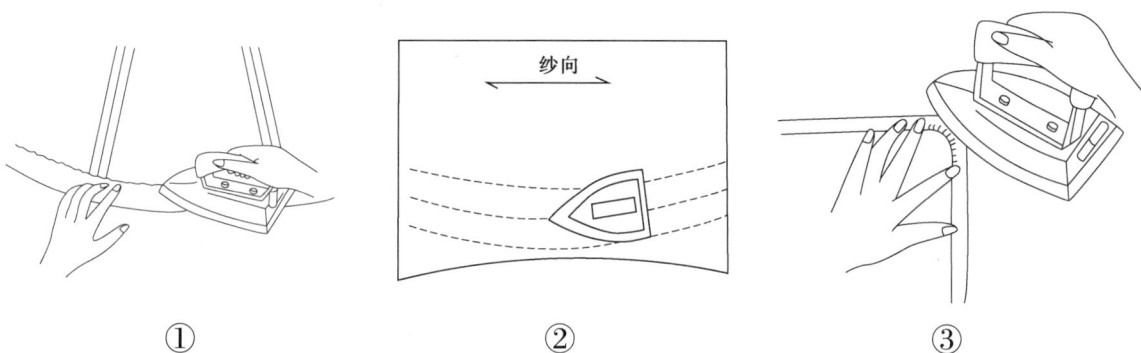

      ①_____   ②_____   ③_____

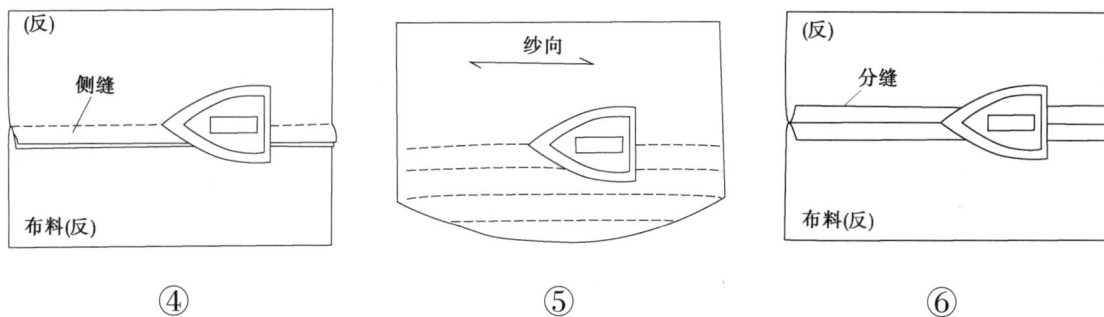

      ④_____   ⑤_____   ⑥_____

五、简答题

1.消除极光、倒绒现象的方法是什么？

2.清除衣料表面水花的方法是什么？

项目二　裙装缝制工艺

任务一　挂里拉链缝制工艺

一、填空题

1.为防止开口处拉坏,可以在装拉链反面处_____。

2.侧缝采用的缝型为_____,前片的右侧开口位置沿净线_____.

3.车缉侧缝夹里后的缝份倒向_____,留_____cm眼皮。

4.夹里开衩部位和底边夹里采用的缝形为_____。

5.前片开口位置盖住拉链,要盖住后片_____cm,开口下端_____封牢固定,然后距侧缝边_____cm车缝面线固定前片与拉链。

二、判断题

1.为防止开口处起涌,所以装拉链之前需在装拉链反面处粘衬。　　　　　(　　)

2.直裙装挂里拉链,夹里侧缝采用分开缝,裙侧缝为向后倒缝。　　　　(　　)

3.装挂里拉链,夹里下摆与裙片下摆需要对位缉合。　　　　　　(　　)

三、简答题

装挂里拉链的缝制工艺流程有哪些?

任务二　紧身裙缝制工艺

一、填空题

1.紧身裙需要做缝制标记的部位有＿＿＿＿＿＿＿＿＿、＿＿＿＿＿＿、＿＿＿＿＿＿、底边贴边。

2.紧身裙拷边时,需要双层一起拷边的部位是＿＿＿＿＿＿＿＿＿＿＿＿＿。

3.紧身裙开袋的流程是做袋盖、＿＿＿＿＿＿＿、＿＿＿＿＿＿＿、缉袋盖和嵌线、＿＿＿＿＿＿、熨烫嵌线与袋盖、装上袋布、＿＿＿＿＿＿＿＿＿＿、封三角及下袋布、＿＿＿＿＿＿。

4.紧身裙装门襟时,门襟正面与右裙片正面相叠,从腰口向下按＿＿＿＿＿＿cm缝份缉合;翻转门襟熨烫平整,注意门襟止口不要＿＿＿＿＿＿。

二、单项选择题

1.根据不同面料的需要,可以根据需要选择不同方法进行做缝制标记,下列选项中错误的方式是(　　　)。

    A.打线丁　　　　　　B.剪眼刀　　　　　　C.画粉线　　　　　　D.粘衬

2.紧身裙烫平、压薄裙贴边。熨烫时熨斗不要超过贴边宽,是为了避免(　　　)。

    A.贴边出现印痕　　　　　　　　B.贴边变形

    C.贴边出现水印　　　　　　　　D.贴边出现起翘

3.下列选择中需要双层一起拷边的部位是(　　　)。

    A.前裙片侧缝　　　　　　　　　B.门襟

    C.前裙片左右竖分割缝　　　　　D.裙底边

4.裙底边及裙开衩需要用(　　　)针法进行固定。

    A.暗缲针　　　　　　B.三角针　　　　　　C.明缲针　　　　　　D.拱针

5.紧身裙缝制工艺中装门、里襟拉链的后面一步是( )。

    A.缝合前裙片中间竖分割缝　　　　　　B.裙开衩

    C.缝合侧缝　　　　　　　　　　　　　D.开衩

6.紧身裙做串带袢时,面料正面相叠后缉( )缝头,然后翻进,烫平整后,正面缉

( )明线。

    A.0.2 cm　0.5 cm　　　　　　　　　　B.0.2 cm　0.6 cm

    C.0.3 cm　0.5 cm　　　　　　　　　　D.0.3 cm　0.6 cm

7.紧身裙装腰头的步骤正确的是( )。

    A.核对尺寸—装腰面及腰两头封口—缉腰头、串带袢

    B.核对尺寸—缉腰头、串带袢—装腰面及腰两头封口

    C.核对尺寸—扣转腰里下口—缉腰头、串带袢

    D.装腰面及腰两头封口—缉腰头、串带袢

8.紧身裙给串带袢做标记的位置正确的是( )。

    A.前、后裙片竖分割缝处　　　　　　　B.门襟处

    C.侧缝处　　　　　　　　　　　　　　D.后裆缝处

9.紧身裙做里襟开衩时,左裙片底边宽( )向正面折转,按( )的缝头缉合。

    A.3 cm　0.8 cm　　　B.2.5 cm　0.8 cm　　　C.3 cm　1 cm　　　D.2.5 cm　1 cm

10.下列选项中不属于紧身裙粘衬部位的是( )。

    A.腰面　　　　　B.袋盖里　　　　　C.腰里　　　　　D.袋盖面

三、判断题

1.紧身裙确定好袋位,粘衬时在裙片开袋位反面和嵌线布反面分别粘上黏合。

                                          (　　)

2.紧身裙缉竖分割缝明线时,缝份向中心线坐倒,在正面压缉0.25 cm明线。

                                          (　　)

3.紧身裙缝合前、后裙片左右竖分割缝时,按0.8 cm缝头绲合。　　　（　　）

4.紧身裙缝制工艺中,缝合好前、后裙片左右竖分割缝后,下一步是拷边。（　　）

5.紧身裙装腰面时,腰面的对档标记应该对准裙侧缝对应的位置。　　（　　）

四、简答题

1.简述紧身裙拷边。

2.写出紧身裙熨烫时的注意事项。

项目三　裤装缝制工艺

任务一　男西裤直插袋缝制工艺

一、填空题

1.西裤侧缝处采用的口袋类型可分为_____和_____两种。

2.西裤侧缝处插袋袋口大为_____cm,袋口明线宽_____cm。

3.男西裤直插袋裁片除前、后裤片外还包括_____和_____。

二、判断题

1.在缉袋垫布时,在袋布正面小半片袋口处,袋垫布要缩进0.7 cm放齐后,在袋口处缉线。　　　　　　　　　　　　　　　　　　　　　　　　　　　　　（　　）

2.在兜缉袋布时,第一道缝线在袋布反面缉线,缉至距离袋口3 cm处。　（　　）

3.男西裤直插袋袋口上口距腰口4 cm左右,袋口大为15 cm左右。　　（　　）

4.在装侧缝直袋时,小半片袋口与后裤片侧缝放齐缝合;大半片袋口与前裤片侧缝放齐缝合。　　　　　　　　　　　　　　　　　　　　　　　　　　　　　（　　）

5.在缉侧缝直袋袋口明线时,上下封口起止处需缉来回针增强袋口牢度。　（　　）

三、单项选择题

1.男西裤直插袋部件中需要拷边的部位有（　　　）。

A.袋垫布袋口处拷边　　　　　　　　B.袋垫布里口处拷边

C.袋布大半片袋口处拷边　　　　　　D.袋布全部拷边

2.通常兜缉袋布采用的缝型是（   ）。

    A.来去缝   B.平缝   C.明包缝   D.坐缉缝

3.以下选项中,需要黏衬条的裁片部位是（   ）。

    A.袋贴袋口处   B.袋布大半片袋口处

    C.后裤片袋口处   D.前裤片袋口贴边缝头处

4.一般男西裤侧缝直插袋袋口缉明线宽度为（   ）。

    A.0.1 ~ 0.2 cm   B.0.3 ~ 0.5 cm

    C.0.7 ~ 0.8 cm   D.1 ~ 1.2 cm

5.装侧缝直袋的前一道工序是（   ）。

    A.检查裁片   B.缝合裤片侧缝

    C.缉袋口明线   D.兜缉袋垫布

四、简答题

装侧缝直插袋的缝制工艺流程有哪些?

任务二　男西裤单嵌线袋缝制工艺

一、填空题

1.常见的男西裤款式后开袋有＿＿＿＿＿＿＿、＿＿＿＿＿＿＿和＿＿＿＿＿＿＿等。

2.男西裤后单嵌线袋袋口大为＿＿＿＿cm,嵌线宽＿＿＿＿cm,袋口距离腰口＿＿＿＿cm,距离侧缝＿＿＿＿cm。

3.制作单嵌线口袋时,需要黏衬的部件和部位有＿＿＿＿和＿＿＿＿＿＿＿＿＿＿＿＿。

4.开袋口,沿袋口缉线中间剪开,在距离两端＿＿＿＿左右剪三角,不能剪断缉线,应离缉线＿＿＿＿＿＿。

二、判断题

1.单嵌线袋制作,缉袋嵌线以及缉袋垫布都是在裤片反面的袋口位置放齐缉线。

（　　）

2.在单嵌线袋的制作过程中,要求嵌线布的下口翻进转折量(嵌线宽)与缉袋嵌线和缉袋垫布两线之间的距离相等。　　　　　　　　　　　　　　　（　　）

3.固定嵌线时,注意起落针的位置距袋口两端一针的距离,袋垫布和嵌线的两边各修进0.1 cm。　　　　　　　　　　　　　　　　　　　　　　　（　　）

4.男西裤后嵌线袋的制作过程中,需在固定袋垫布之前,将嵌线下口与袋布缉牢。

（　　）

5.在整烫嵌线袋口处时,可采用正面盖烫布喷水熨烫。　　　　　（　　）

三、单项选择题

1.嵌线袋属于下列选项中的哪种袋型?(　　　)

    A.挖袋   B.插袋   C.吊袋   D.贴袋

2.制作单嵌线袋开袋口的前一道工序为(　　　)。

    A.开袋位黏衬   B.固定嵌线

    C.缉袋嵌线及袋垫布   D.兜缉袋布

3.在单嵌线袋的制作过程中,缉袋嵌线与缉袋垫布两线之间的距离是(　　　)。

    A.0.1 cm   B.0.5 cm   C.1 cm   D.2 cm

4.在制作单嵌线的过程中,封三角针的前一道工序为(　　　)。

    A.开袋口   B.固定嵌线

    C.兜缉袋布   D.缝门字形,固定袋布

四、简答题

制作单个单嵌线口袋的部件有哪些?

任务三　男西裤缝制工艺

一、填空题

1. 做缝制标记方法包括_____和_____两种，男西裤精做工艺的缝制标记采用_____的方法。

2. 男西裤前片打线钉的部位有_____、_____、_____、_____、_____、_____。

3. 男西裤后片打线钉的部位有_____、_____、_____、_____、_____。

4. 男西裤的后裤片后裆缝和下裆缝处需拔开的部位有_____和_____。

5. 后裤片的双嵌线开袋需要黏合衬的部位及部件有_____和_____。

6. 男西裤拉链拉合后，门襟止口要盖过里襟上口处的缉线，上口_____cm，下口_____cm；封小裆处，门襟应比里襟长_____cm。

7. 串带祥的位置按从左到右的顺序，第一根串袋祥位于_____，第二根位于_____，第四根位于_____，第三根位于第二根和第四根中间，其余三根与左面位置对称；装串带祥时，串带祥上口与腰口平齐，向下_____cm，来回缉线_____道封牢。

8. 给男西裤装腰面时，腰面的对档标记应对准裤腰口对应位置，腰头在上，裤片在下，从_____开始向_____方向沿_____cm缝份缉线。

9. 男西裤的脚口贴边采用_____固定。

10. 全夹里工艺能使穿着效果更好，同时还能起到_____的作用。

二、判断题

1. 做缝制标记能够达到使衣片左右对称、部位准确的效果。　　　（　　　）

2. 将男西裤的前片膝盖处适当拔开，这样可以使烫迹线保持挺直。　（　　　）

3. 男西裤前、后片的脚口贴边处需适当拔开。　　　　　　　　　（　　　）

4. 西裤的后片省缝朝后裆缝倒。　　　　　　　　　　　　　　　（　　　）

5. 西裤的后片后窿门以下10 cm处要归拢处理。　　　　　　　　（　　　）

6. 双嵌线开袋口应沿袋口缉线中间剪开，剪至距袋口两端约0.1 cm处剪三角。

（　　　）

7. 西裤前片正面裥统一倒向侧缝。　　　　　　　　　　　　　　（　　　）

8. 在装西裤门、里襟的拉链时，需提前在门、里襟的反面黏衬。　（　　　）

9. 男西裤门襟缉线宽度为2.5 cm左右。　　　　　　　　　　　　（　　　）

10. 男西裤串带袢净宽为0.8～1.2 cm左右。　　　　　　　　　　（　　　）

11. 西裤配置夹里时，至少应配至膝盖以下20 cm处，或配至脚口处。（　　　）

三、单项选择题

1. 以下选项中，无须拷边的部位是（　　　）。

    A.脚口处　　　　　B.腰口处　　　　　C.下裆缝　　　　　D.后裆缝

2. 男西裤缝制工艺的首道工序为（　　　）。

    A.归拔　　　　　B.拷边　　　　　C.做缝制标记　　　　　D.黏合衬

3. 双嵌线袋袋口处上、下嵌线的宽分别是（　　　）。

    A.0.1 cm和0.1 cm　　　　　　　　B.0.4 cm和0.4 cm

    C.0.6 cm和0.6 cm　　　　　　　　D.0.7 cm和0.7 cm

4. 在男西裤折烫烫迹线时，采用的熨烫方式为（　　　）。

    A.干烫　　　　　　　　　　　　B.盖布干烫

    C.盖湿布喷水熨烫　　　　　　　D.盖干布喷水熨烫

5.以下选项中,后裤片处需要归拢的部位是( )。

    A.后中缝中段处　　　　　　　　　　B.后窿门斜丝缕处

    C.侧袋口胖势至臀部处　　　　　　　D.中裆部位处

6.以下符合双嵌线袋制作步骤的选项是( )。

    A.确定袋位、黏衬、缉嵌线、固定袋布、装袋垫布、开袋口、缝三角

    B.确定袋位、固定袋布、装袋垫布、黏衬、缉嵌线、开袋口、缝三角

    C.确定袋位、黏衬、开袋口、固定袋布、装袋垫布、缉嵌线、缝三角

    D.确定袋位、黏衬、固定袋布、装袋垫布、缉嵌线、开袋口、缝三角

7.男西裤的袋口大及袋口正面缉明线宽为( )。

    A.15～15.5 cm,1～1.2 cm　　　　B.13.5～15 cm,0.7～0.8 cm

    C.13.5～15 cm,1～1.2 cm　　　　D.15～15.5 cm,0.7～0.8 cm

8.西裤的侧缝处和后裆缝处分别采用的缝型为( )。

    A.分开缝和分坐缉缝　　　　　　　　B.分开缝和坐缉缝

    C.坐缉缝和分坐缉缝　　　　　　　　D.都采用分开缝

9.缝制男西裤时,装门里襟拉链的前一道工艺是( )。

    A.缝合侧缝　　　　　　　　　　　　B.缝合前后裆缝

    C.缝合下裆缝　　　　　　　　　　　D.门襟缉线

10.缉男西裤袋嵌线时,应如何操作以确保袋角上下丝缕一致,从而使袋角方正
( )。

    A.因省缝上小下大,缉上嵌线时比缉下嵌线要略带紧

    B.因省缝上小下大,缉下嵌线时比缉上嵌线要略带紧

    C.因省缝上大下小,缉下嵌线时比缉上嵌线要略带紧

    D.因省缝上大下小,缉上嵌线时比缉下嵌线要略带紧

11.西裤后袋封门字形时,要把上口向下推成弧形,其目的是( )。

    A.防止袋口毛出　　　　　　　　　　B.嵌线顺直

    C.使袋口不豁开　　　　　　　　　　D.达到吃势效果

四、简答题

　　1.男西裤的部件面料类包括哪些？

　　2.男西裤黏衬的部件有哪些？

　　3.男西裤需拷边的部位有哪些？

五、看图填空题

　　根据题图的对标在相应位置填写出西裤前裤片的归拔符号。

①＿＿＿＿＿＿＿＿

②＿＿＿＿＿＿＿＿

③＿＿＿＿＿＿＿＿

④＿＿＿＿＿＿＿＿

⑤＿＿＿＿＿＿＿＿

⑥＿＿＿＿＿＿＿＿

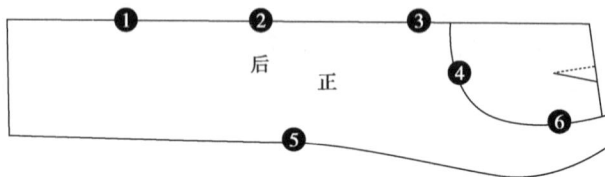

题图

项目四　衬衫缝制工艺

任务一　连裁贴边的圆形领口缝制工艺

一、选择题

1. 裁配领口与袖窿贴边，前、后衣片按中心线折叠，前、后领口中心线下（　　），袖窿深线下（　　）。

    A.4 cm　4 cm　　　　　　　　　　　　B.4 cm　6 cm

    C.6 cm　4 cm　　　　　　　　　　　　D.6 cm　6 cm

2. 缉合贴边与衣身，前后衣片与贴边（　　）相叠，（　　）缝份缉合领口贴边、袖窿与贴边。

    A.正面　1 cm　　　　　　　　　　　　B.反面　0.5 cm

    C.正面　0.5 cm　　　　　　　　　　　D.反面　1 cm

3. 烫肩缝时，将前后衣片肩缝及前后片肩缝缝份（　　），肩缝翻正，摆平整，用熨斗烫平。

    A.起烫　　　　　　B.分缝　　　　　　C.倒缝　　　　　　D.扣烫

二、判断题

1. 前后贴边反面粘上黏合衬，里、外口均拷边。　　　　　　　　　　　　（　　）

2. 为了领口与袖窿缝份翻进时容易熨烫，可在缝份上打剪口。　　　　　（　　）

3. 侧缝烫来去缝，并将袖窿翻下贴边翻下，熨烫平整。　　　　　　　　（　　）

4. 熨烫领口和袖窿时，贴边不要反吐。　　　　　　　　　　　　　　　（　　）

5.缝合肩缝,后衣片贴边翻到反面,前后衣片正面相叠,将前衣片肩部伸进后片肩缝中。 （　　）

三、简答题

1.简述圆形领口的缝制工艺流程。

2.圆形领口的部件裁片有哪些?

任务二　女衬衫缝制工艺

一、填空题

1.缝制女衬衫时需要粘衬的部件包括：＿＿＿＿＿＿＿、＿＿＿＿＿＿＿、＿＿＿＿＿＿＿。

2.在抽袖山头吃势时,用长针距在袖山头离边＿＿＿＿＿和＿＿＿＿＿＿处机缝两道,按袖窿大小抽袖山头吃势,吃势量主要集中在＿＿＿＿＿和＿＿＿＿＿,量要＿＿＿＿＿,不能打褶。

3.翻烫立领时,需将领上口缝份修剪成＿＿＿＿＿,用大拇指和食指捏住领头方角翻出,领角要＿＿＿＿＿,熨烫＿＿＿＿＿,花边整理美观。

4.扣烫袖衩时,需将袖衩黏上黏合衬,两边缝头扣转＿＿＿cm,然后对折,衩＿＿＿＿＿比＿＿＿略宽0.1 cm。

5.女衬衫做缝制标记的部位＿＿＿＿＿、＿＿＿＿＿＿＿、＿＿＿＿＿＿＿、＿＿＿＿＿、＿＿＿＿＿＿＿、＿＿＿＿＿、＿＿＿＿＿＿＿。

二、判断题

1.女衬衫的黏合衬包括:领衬1片,袖克夫黏合衬2片,门、里襟黏合衬各1片。

（　　）

2.女衬衫缝合大身刀背缝时,需将大身与刀背缝正面相叠,确保刀背位于下面,并缉0.8 cm。

（　　）

3.女衬衫装门、里襟时,需将门、里襟夹住前身止口缝头1 cm,正面压缉0.1 cm,注意要盖住缉花边的线,并确保门襟与里襟上下不能打绉。

（　　）

4.女衬衫缝合肩缝时,应将前、后肩缝正面相叠,前片置于上方,缉线1 cm,然后进行拷边,并向后片坐倒。   （   ）

5.女衬衫翻烫立领时,应将领上口缝份修剪至0.3 cm,用大拇指与食指捏住领头方角翻出,确保领角方正,熨烫平整,花边整理美观。   （   ）

6.女衬衫装领时,应将领里的下口正面与领圈的反面相叠,起落针时,需注意领子应比门、里襟缩进0.1 cm。   （   ）

7.女衬衣前片进行刀背缝拷边处理,缝头应倒向侧缝方向。   （   ）

8.女衬衫装门、里襟采用夹绲法绲合。   （   ）

9.制作花边袖克夫及双层袖口夫里与面都需要粘黏合衬。   （   ）

三、单项选择题

1.常规女衬衫粘衬部位包括(   )。

   A.衣身底边   B.门襟止口

   C.袖克夫   D.前衣片

2.以下选项中女衬衣的前衣片部位中,不需要做缝制标记的是(   )。

   A.胸高点   B.前身刀背缝对档

   C.腰节   D.底边折边宽处

3.女衬衫后身腰省的省缝,应倒向(   )。

   A.前中止口   B.底边   C.后中   D.侧缝

4.以下选项中关于女衬衫做领的工艺步骤,正确的是(   )。

   A.勾领里、领面→做领里与花边→做领里、领面→翻烫立领

   B.做领里、领面→做领里与花边→勾领里、领面→翻烫立领

   C.做领里与花边→勾领里、领面→翻烫立领→做领里、领面

   D.勾领里、领面→做领里与花边→做领里、领面→翻烫立领

5.以下关于女衬衫抽袖山头的吃势,说法不正确的是(   )。

   A.使用长针距在袖山头距离边缘0.3 cm和0.6 cm处分别机缝两道

B.吃势仅集中在袖山头中心处

C.吃势量主要集中在袖山头中心和中心两侧

D.量要均匀,不能打褶

6.以下关于女衬衫门襟处锁扣眼的要求,说法不正确的是(　　　)。

A.门襟锁竖扣眼六个

B.立领锁竖扣眼一个

C.扣眼进出位置在门襟中心处

D.扣眼大根据纽扣大小,一般为1.5~1.7 cm

四、简答题

请根据题图的款式图写出各裁片名称及数量。

题图

任务三 男衬衫缝制工艺

一、填空题

1.男衬衫的前片需要做缝制标记的部位有_____、_____、_____;后片需要做缝制标记的部位有_____、_____;袖片需要做缝制标记的部位:_____、_____、_____。

2.袋口贴边毛宽_____cm,两折后净宽_____cm,其余三边缝分为_____cm。

3.装领时,底领领面的下口与衬衫领圈对齐,_____相对,起落针时,底领比_____缩进0.1 cm,从_____开始缉线0.6 cm。

4.缉门、里襟袖衩明线止口宽_____cm;门襟正面封口位置一般距离里襟三角封口_____cm左右。

5.装袖时,_____放下层,_____放上层,正面相叠,袖子与袖窿放齐,袖山眼刀对准_____,肩缝倒向_____,缉线_____cm,然后缝份_____。

6.卷底边时,按贴边内缝_____cm,贴边宽_____cm转折,从门襟底边开始向里襟缉线,止口线宽_____cm。

二、判断题

1.在习惯上,男衬衫门襟贴边略宽于里襟贴边。　　　　　　　　　（　　）

2.在过肩后背中心做缝制标记的作用是为了方便装领时的对位。　　（　　）

3.在制作标准男士衬衫的胸贴袋时,袋口贴边需按净宽3 cm缉明线。　（　　）

4.在装男士衬衫过肩时,先将过肩里反面朝下,再过肩面反面朝上,然后将后衣片正面朝上放在过肩的中间层,确保三层对齐后按0.7 cm的缉线缝合。　　　　　　　　　　　　　　　　　　　　　　　（　　）

5.男衬衫缝合肩缝可采用压缉明线和暗缉线两种工艺方法。　　　（　　）

6.男衬衫缉翻领止口宽0.1 cm。　　　（　　）

7.压缉底领领里时,底领领里要盖过装领缉线,使底领里、面缉线宽达0.1 cm。

（　　）

8.缉门、里襟袖衩时,两线之间的距离根据里襟袖衩宽度确定。　　　（　　）

9.男士衬衫扣眼数量为六个,其中包括门襟底领锁横扣眼一个,而其余均为直扣眼。　　　（　　）

10.男衬衫压肩缝时,肩缝向前衣身坐倒,过肩面盖过肩缝缉线,领口平齐,压缉明口0.1 cm。　　　（　　）

三、单项选择题

1.男衬衫胸贴袋缉明线与封袋口直角三角形最宽处止口宽分别为(　　　)。

　　A.0.3 cm与0.5 cm　　　　　　　　B.0.1 cm与0.5 cm

　　C.0.1 cm与1 cm　　　　　　　　　D.0.5 cm与0.5 cm

2.以下选项中,有关做男士衬衫翻领的表述正确的是(　　　)。

　　A.领面粘衬大多采用毛样树脂黏合衬

　　B.翻领缉线时领面略拉紧,领里略松,领角部位里外有窝势

　　C.休闲男衬衫领面粘衬可采用有纺衬和无纺衬

　　D.翻领缉合后,折转缝头前需要将翻领缝边修齐,预留缝头0.2 cm

3.以下选项中,不符合做衬衫底领要求的是(　　　)。

　　A.底领领里反面粘衬

　　B.袖克夫上口处正面缉明线止口宽0.8 cm

　　C.翻烫底领前,需将两端圆头的内缝修剪成0.3 cm

　　D.底领上口按0.15 cm缉止口线

4.以下选项中,不符合做袖克夫工艺要求的是(　　　)。

A.袖克夫面反面粘衬,厚衬为净样,薄衬为毛样

B.扣烫袖克夫上口夹里比面略余出

C.袖克夫面比袖克夫里缝头要修小0.15 cm

D.翻烫袖克夫前,需要修剪袖克夫圆头处缝头为0.3 cm

5.男衬衫做翻领的步骤是(　　　)。

①缉翻领止口;②缉翻领;③领面粘衬;④翻正翻领;⑤修剪翻领下口;⑥折转缝头

A.③①②⑤④⑥ 　　　　　　　　B.③②⑥④①⑤

C.②①④⑥③⑤ 　　　　　　　　D.①⑥②④③⑤

6.以下选项中对男衬衫领头的质量要求叙述错误的是(　　　)。

A.两领角长短一致 　　　　　　B.领面无起泡

C.止口宽窄一致 　　　　　　　D.领子无窝势

四、简答题

请根据题图写出该衬衫的裁片数量并按流程图的方式写出缝制工艺流程。

题图

项目五　西服缝制工艺

任务一　女西服缝制工艺

一、填空题

1.大、小袖片做缝制标记的部位:_____、_____、_____袖衩线。

2.女上衣牵带用_____黏合衬,宽_____cm。沿止口净粉线,至装领点至_____处敷牵带。牵带在胸部一段_____,腰节部位_____,底边圆角处_____,驳口线一段的牵带也要_____。

3.翻烫止口时,要求挂面在翻驳点以下_____0.1 cm,驳头和串口部位_____0.1 cm,离开止口_____cm用绗线固定,背面盖_____,将门里襟止口和驳头处烫平、烫煞。

4.扣烫门、里襟止口前需要将_____和_____分别剪眼刀。修剪袖夹里缝分时,袖山头一般放出_____cm,袖底缝一段放出_____cm,并把袖山头夹里修剪圆顺。

二、判断题

1.女上衣做半夹里与全夹里的缝制工艺完全相同。　　　　　　　　　　(　　)

2.滚边具有美观、牢固以及减少成本和工艺流程的优点。　　　　　　　(　　)

3.女上衣前胸省缝熨烫应倒向袖窿方向,省尖不能有"酒窝"现象。　　(　　)

4. 扣烫止口时,翻驳点以下的门、里襟止口沿绲线扣烫,驳头、串口处沿绲线坐绲0.1 cm扣烫。 （　　）

5. 转折扣烫平整后的底边夹里要比面料底边短1 cm左右。 （　　）

6. 半夹里上衣合面料摆缝,需要连同底边处的夹里一起绲合摆缝,然后烫分开缝。

（　　）

三、单项选择题

1. 以下选项中不属于女式上衣前衣片缝制标记的部位的是(　　)。

    A.纽扣位、底边折边 　　　　　　　　B.装领位、腰节、袋位

    C.装袖对档、胸部刀背对档 　　　　　　D.前肩缝、串口

2. 女上衣做半夹里时,需要滚边的部位包括(　　)。

    A.前刀背缝、背中缝、袖窿、底边

    B.后刀背缝、背中缝、摆缝、底边

    C.后刀背缝、背中缝、止口线、串口线

    D.前刀背缝、袖窿、止口线、串口线

3. 衣片正面的滚条折光后为0.3~0.4 cm,需采用的滚条布宽为(　　)。

    A.0.6~0.8 cm 　　　　　　　　　　B.1.2~1.5 cm

    C.1.5~1.8 cm 　　　　　　　　　　D.1.7~2.0 cm

4. 修剪大身止口和挂面止口的留缝分别为(　　)。

    A.0.2~0.3 cm和0.3~0.4 cm 　　　　B.0.3~0.4 cm和0.5~0.6 cm

    C.0.5~0.6 cm和0.5~0.4 cm 　　　　D.0.5~0.6 cm和0.7~0.8 cm

5. 以下选项中,关于抽袖山吃势表述错误的是(　　)。

    A.用长针距线在袖山毛缝离边0.3 cm和0.6 cm处机缝两道线

    B.从后袖缝至前偏袖需抽吃势,小袖底横丝部位可不抽

    C.吃势量在袖山高点处略多,而前后段略少放吃势

    D.袖山吃势量可根据面料质地收进3 cm左右

6.复挂面时,要求驳头驳角处( )。

    A.略放吃势   B.略带紧   C.紧绗   D.平绗

7.绗袖子时,一般袖山弧略长于袖窿弧( )。

    A.0.1 cm   B.0.6 cm   C.1.5 cm   D.3 cm

8.以下选项中,有关装袖窿衬条表述错误的是( )。

    A.衬条宽度为3 cm

    B.装袖窿衬条的目的是使袖山圆顺、饱满

    C.衬条长度以袖缝向上3 cm,过袖山中点至后袖缝向下3 cm为宜

    D.在衣身袖窿一面,沿装袖线外侧缉斜丝绒布衬条

9.以下选项中,有关装垫肩表述错误的是( )。

    A.前肩部分垫肩比后肩部分垫肩短1 cm

    B.垫肩外口标记点应对准肩缝,并与袖窿毛缝对齐

    C.在相对应垫肩的弧形边(里口)1/2向前过1 cm处做标记点

    D.垫肩里口标记点与肩缝缝头绗线固定,绗线要略松

四、简答题

请根据题图的款式,写出需要黏衬的部件。

        正面   背面

题图

任务二　男西服缝制工艺

一、填空题

1. 男西服里料类：_____、_____、_____、_____、

_____、_____及_____。

2. 男西服需黏合的有纺衬部件：_____、_____、_____、_____

_____。

3. 男西服后衣片需打线丁的部位：_____、_____、_____、

_____、_____。

4. 男西服需黏合牵带的部位：_____、_____、_____、_____

_____、_____。

5. 装垫肩流程：_____—装垫肩外口—绗垫肩里口—_____。

二、判断题

1. 男西服的领面、里需要黏黏无纺衬。　　　　　　　　　　　　　　　　　（　　）

2. 男西服的袋盖里、面需黏无纺衬。　　　　　　　　　　　　　　　　　　（　　）

3. 根据工艺需求男西服胸省应倒向侧缝烫平。　　　　　　　　　　　　　　（　　）

4. 缝合男西服前侧片袖窿深下10 cm的一段大片有0.3～0.5 cm吃势。　　　（　　）

5. 男西服的肚省袋口处反面需单独黏无纺衬。　　　　　　　　　　　　　　（　　）

6. 熨烫驳口线时，注意上眼位以下大身止口需坐进0.1 cm，上眼位以上驳头止口需坐进0.1 cm左右。　　　　　　　　　　　　　　　　　　　　　　　　　　　　（　　）

7. 缝合男西服肩缝时，在颈肩点至小肩1/3处放吃势0.6 cm左右，使后肩缝松于前肩缝。　　　　　　　　　　　　　　　　　　　　　　　　　　　　　　　　（　　）

8.西服夹里缝分与衣身缝分的工艺处理相同,都需要将缝分喷水烫分开缝。

（　　）

9.做、装翻领时,领底呢上口、两领角、领里下口及串口处都采用0.3 cm三角针绷牢。

（　　）

10.熨烫定型翻驳领时,需将驳口线、领脚线烫实才能达到顺直平服的效果。

（　　）

11.男西服的袖山吃势量一般为3.5 cm左右,可根据面料的厚薄适当增减吃势量。

（　　）

12.男西服装袖窿衬条长度以前袖缝向上3 cm,过袖山点至后袖缝向下3 cm。

（　　）

13.装西服垫肩时,要求垫肩在前肩的部分长,后肩的部分短。　　（　　）

14.西服整烫一般采用盖烫布熨烫。　　（　　）

15.男西服整烫的最后工序是烫前身止口。　　（　　）

16.复挂面之前需检验挂面的左右条格、丝缕是否合规,上眼位至驳头处不允许有偏差。　　（　　）

17.男西服假缝工艺的最后一道流程为试穿。　　（　　）

三、单项选择题

1.以下选项中,无须打线丁的部位是（　　）。

A.驳口线　　　　B.手巾袋　　　　C.腰节线　　　　D.前袖窿

2.以下选项中,需要复马尾衬的男西服部件是（　　）。

A.挂面　　　　B.前衣身　　　　C.手巾袋　　　　D.袋盖

3.缝制男西服的首道工序是（　　）。

A.黏黏合衬　　　　B.收省　　　　C.打线丁　　　　D.归拔

4.以下选项中,前衣片部位需要归烫的是（　　）。

A.前衣片底边弧线   B.前片腰节处

C.前横开领   D.前肩部位

5.以下选项中,前肩缝处归拔处理错误的是(   )。

A.将前肩头横丝向肩点方向推弹

B.将前肩缝处形成的胖势推向袖窿处,使肩缝呈现凹势

C.前袖窿处外肩点顺势拔开,使外肩点横丝略上翘

D.归拔后前肩缝会产生0.8~1 cm的回势

6.以下关于男西服后衣片归拔处理错误的选项是(   )。

A.后衣片肩缝处归拢

B.后衣片腰节以下至底边摆缝线归直

C.后衣片腰节处归拢

D.分烫背缝后再归烫肩缝和后领圈

7.男西服手巾袋的制作工艺与以下选项中袋型相符的是(   )。

A.挖袋型   B.插袋型   C.吊袋型   D.贴袋型

8.绗男西服胸衬时,胸衬分别离开袖窿处与驳口线的距离是(   )。

A.2 cm与4 cm   B.4 cm与2 cm

C.1 cm与2 cm   D.2 cm与1 cm

9.黏胸衬驳口处牵带时,要求上下两端10 cm处平黏,中间拉紧0.5 cm左右,其目的是(   )。

A.防止牵带脱落

B.防止衣片和牵带缩水

C.满足缝制工艺的需要

D.使衣片胸部凸势与胸衬凸势黏合一致

10.做翻领的领里时,领底外口与领面上口包转缝分处采用的针法是(   )。

A.三角针   B.暗缲针   C.杨柳花针   D.倒钩针

11.装翻领的首道工艺是(   )。

A.装领面 B.固定衣身夹里

C.定领里、领面 D.绷领里

12.装男西服袖时,一般要求袖山弧长略大于袖窿弧长(　　)。

A.0.2 cm 左右 B.0.6 cm 左右

C.1 cm 左右 D.3.5 cm 左右

13.西服整烫的首道工序是(　　)。

A.烫袖子 B.烫胸部 C.烫底边 D.轧袖窿

14.男、女西服的规格测量,袖长和肩宽的允许公差分别是(　　)。

A.±0.6 cm 和±0.7 cm B.±0.7 cm 和±0.6 cm

C.±1 cm 和±0.4 cm D.±0.4 cm 和±1 cm

15.男西服可以拼接的部位有(　　)。

A.领面 B.挂面 C.里子 D.耳朵片

四、简答题

1.男西服需黏合无纺衬的部件有哪些?

2.请写出男西服的整烫步骤。

3.请完整写出男西服的缝制工艺流程。

项目六　成衣品质检验

任务一　成衣检测流程

一、填空题

1.服装原材料检验包括：_____、_____、_____、_____、_____、_____和_____等。

2.按照规定：平纹布料纬斜率不得超过_____；横条或格子布纬斜率不得超过_____；印染条格布纬斜率不得超过_____。

3.原料内在质量检验项目包括：_____、_____、_____、_____、_____、_____等。

4.常见的原料理化性能测试有_____、_____、_____。

二、判断题

1.成衣检验流程中不包括设计检验。　　　　　　　　　　　　　　（　　）

2.一般情况下,高档或小批量面料检验不得少于10%的抽检。　　　（　　）

3.设备的完备率是影响服装产品品质的关键。　　　　　　　　　　（　　）

4.面料的色牢度测试可通过摩擦、熨烫、皂洗和干洗等方法进行。　（　　）

5.男西服的总肩宽和袖长允许偏差的范围分别为±0.6 cm和±0.7 cm。（　　）

6.男西裤的臀围允许偏差范围为±1 cm。　　　　　　　　　　　　（　　）

7.男西服以背缝上部为准,条料对条,格料对横,互差不大于0.2 cm。（　　）

8.抽样检验必须是随机的,以保证抽取样品的品质能够代表大货的品质。（　　）

9.男西裤侧缝袋口下10 cm处,格料对横,互差不大于0.5 cm。　　　　（　　）

10.缝制领角部位时,如果领面拉得过紧会产生领角上翘的现象。　　　　（　　）

11.绱领时,如领里左右两侧松紧缝合不一致会导致后领口不圆顺。　　　　（　　）

12.男西服衣长由前身左襟肩缝最高点垂直量至底边或由后领中垂直量至底边允许的偏差为±1 cm。　　　　（　　）

三、单项选择题

1.某公司拥有服装生产设备800台,可正常投入生产的设备有780台,其余20台设备全部报损。该公司的设备完好率为（　　　　）。

A.97.5%　　　　　B.95%　　　　　C.39%　　　　　D.25%

2.以下选项中不属于原料外观质量检验的是（　　　　）。

A.色差检验　　　　　　　　　　B.经纬与纬弯检验

C.疵点检验　　　　　　　　　　D.色牢度检验

3.男西服的衣长和胸围允许偏差范围是（　　　　）。

A.±2 cm和±1 cm　　　　　　　B.±1 cm和±2 cm

C.±0.6 cm和±1 cm　　　　　　D.±0.6 cm和±2 cm

4.男西裤的裤长和腰围允许偏差范围是（　　　　）。

A.±1.5 cm和±2 cm　　　　　　B.±2 cm和±1.5 cm

C.±1.5 cm和±1 cm　　　　　　D.±1 cm和±1.5 cm

5.男西服的左右前身条料对条,或格料对横互差不大于（　　　　）。

A.0.3 cm　　　　　B.0.5 cm　　　　　C.0.7 cm　　　　　D.1 cm

6.以下选项中不属于出仓质量的检查要求的是（　　　　）。

A.检查每一批量的服装成品数量及规格是否与生产任务相符合

B.检查产品的包装是否完好,可不做具体要求

C.检查产品外观的完整性、准确性和整洁性是否符合工艺要求

D.检查产品的总体造型以及平挺度是否符合工艺要求

7.男西服的袖与前身格料对横,两袖互差不大于(　　)。

    A.0.2 cm　　　　　　B.0.3 cm　　　　　　C.0.5 cm　　　　　　D.0.8 cm

8.后领口部位起涌的原因不包括(　　)。

    A.后领口部位太平　　　　　　　　B.肩缝附近部位太弯

    C.绱领时领口被拉还　　　　　　　D.后领口太深

9.下列说法错误的选项是(　　)。

    A.后上裆吊紧原因为后裆弯曲度过大导致

    B.前上裆弯曲部位起皱不平是因为缝纫时将弯曲部位被拉还

    C.前肩缝下呈斜形褶皱原因为领口处归拔未达到预定要求

    D.省尖不尖或熨烫不充分都会出现酒窝现象

10.下列说法错误的选项是(　　)。

    A.里布或面布位置不一致会出现衣袖吊起或斜形褶皱

    B.袖山高高度不够或绱袖位置不正会导致袖山中间部分向上吊起

    C.袖山部位缝缩量不均匀,袖窿部位会出现瘪陷

    D.大小袖片缝合时大袖片的缩量过大或缝过紧,袖缝会出现波浪

四、简答题

1.请写出成衣检验的流程。

2.缩水实验的五种方法有哪些?

任务二 服装质量检测标准

一、填空题

1.服装质量检测标准的等级分为：＿＿＿＿＿、＿＿＿＿＿、＿＿＿＿＿、

＿＿＿＿＿四级。

2.服装业务担当的工作流程：＿＿＿＿＿、备样、核价＿＿＿＿＿、下达生产通

知单、质量跟单、＿＿＿＿＿、出货、＿＿＿＿＿。

二、判断题

1.地方标准主要负责对工业产品的安全、卫生等方面的标准进行制定。　（　　）

2.产品标准包括基础标准、产品标准、方法标准和安全与环境保护标准。　（　　）

3.服装的质量指标包括产品合格率、产品返修率、调片率、漏验率、质量评分等,这

些指标通常由行业规定。　（　　）

4.方法标准在服装工艺中也称工艺标准,在服装生产过程中起着指导、生产的

作用。　（　　）

5.服装质量检测标准是成衣质量控制必不可少的重要组成部分。　（　　）

三、单项选择题

1.某企业服装的业务担当的工作流程不包括(　　)。

　　A.下达生产通知单　　　　　　　　B.备样、核价

　　C.款式图设计与定稿　　　　　　　D.反馈与评价

2.对技术法规、各级生产、建设、科研管理部门和企业单位起到统一标准作用的是

(　　)。

　　A.国家标准　　　　B.地方标准　　　　C.行业标准　　　　D.企业标准

3.在生产过程中造成的不合格产品,若通过前道检验应该查处而未查处,那么通过该通道的产品,在后来由质量监督部门再抽查时发现的过程称(　　)。

    A.返修　　　　　　B.调片　　　　　　C.漏验　　　　　　D.质量评分

4.下列选项中不属于服装质量指标的是(　　)。

    A.返修率指标　　　　　　　　　　B.合格率指标

    C.生产率指标　　　　　　　　　　D.质量评分

四、简答题

出仓质量的检查内容包括哪些?

项目七　拓展知识

任务一　装饰手法工艺

一、选择题

1.单杨树花针,针( ),起针从衣料( )穿出,线甩向( )。

　　A.自右向左　正面　右上方　　　　B.自左向右　正面　右上方

　　C.自右向左　反面　左上方　　　　D.自右向左　反面　左上方

2.双杨树花针针距直向( )cm,横向( )cm。

　　A.0.3 ~ 0.4 cm　0.3 ~ 0.4 cm

　　B.0.6 cm ~ 0.7 cm　0.2 ~ 0.3 cm

　　C.0.2 ~ 0.3 cm　0.6 cm ~ 0.7 cm

　　D.0.2 ~ 0.3 cm　0.3 ~ 0.4 cm

3.( )用于精做女式两用衫和大衣夹里的下摆贴边,起装饰作用。

　　A.十字针　　　　　　　　　　　B.杨树花针

　　C.雕绣　　　　　　　　　　　　D.钉珠绣

4.多用于童装和女装的领、袖边沿的装饰手缝针法是( )。

　　A.雕绣　　　　　　　　　　　　B.十字针

　　C.元宝褶　　　　　　　　　　　D.蝴蝶结

二、判断题

1.苏绣、湘绣、粤绣、蜀绣合称为"中国四大名绣"。　　　　　　　　　　( )

2.单杨树花针与双杨树花针的针法相同。　　　　　　　　　（　　）

3.蝴蝶结多用于女衬衫及床上用品。　　　　　　　　　　　（　　）

4.十字桃花针迹要求排列整齐,行距清晰,十字大小要均匀,拉线要轻重一致。

（　　）

5.镂空绣,刺绣时将布按图案镂空后,用包梗绣或锁边绣针法将布边包住。（　　）

任务二　特殊缝型工艺

一、选择题

1.适用于衣身、领、袖、袋中间部位的装饰工艺(　　)。

    A.绲　　　　　　B.嵌　　　　　　C.镶　　　　　　D.宕

2.适用于衣身、领、袖、袋中间或边缘部位的装饰工艺是(　　)。

    A.绲　　　　　　B.嵌　　　　　　C.镶　　　　　　D.宕

3.题3图属于哪种缝型(　　)。

    A.镶　　　　　　B.嵌　　　　　　C.宕　　　　　　D.绲

4.题4图属于哪种缝型(　　)。

    A.明包缝　　　　B.暗包缝　　　　C.宕　　　　　　D.镶

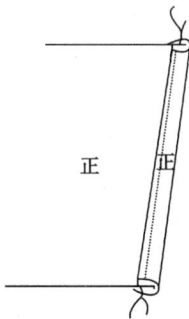
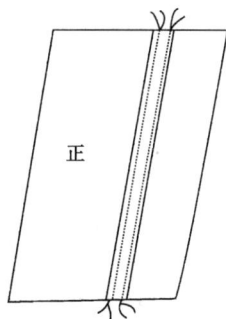

题3图　　　　　　　　　　题4图

二、判断题

1.绲、嵌、镶、宕用料一般都取斜丝绺,以成45°斜最佳。　　　　　　　　(　　)

2.镶、宕一般都用本色料。　　　　　　　　　　　　　　　　　　　　(　　)

3.嵌是一种装饰工艺,里嵌装在领、门襟、袖口等止口外;外嵌装在绲边、镶边、宕条等里口或衣片的外分割缝中。　　　　　　　　　　　　　　　　　　(　　)

项目八　裤装拓展缝制工艺

任务一　连腰装拉链缝制工艺

一、判断题

1.做装门、里襟拉链时,门、里襟一圈都需要锁边。　　　　　　　　　　（　　）

2.做装门、里襟拉链的首道工艺是缝合小裆。　　　　　　　　　　　　（　　）

3.装门襟时,门襟正面与前裤片正面相叠,缝边对齐缉0.9 cm左右缝边。　（　　）

4.连腰装拉链黏黏合衬的部件包括腰里和门、里襟处。　　　　　　　　（　　）

二、选择题

1.因连腰腰口处设有一粒扣子,拉链应在里襟上口向下多少缉线固定合适（　　　）。

　A.0.5 cm处　　　　　　B.0.8 cm处　　　　　　C.1 cm处　　　　　　D.3 cm处

2.以下选项中,符合做、装门、里襟拉链缝制工序的是（　　　）。

　A.缝合小裆→装门、里襟→锁边→黏黏合衬

　B.黏黏合衬→锁边→缝合小裆→装门、里襟

　C.装门、里襟→黏黏合衬→锁边→缝合小裆

　D.锁边→缝合小裆→黏黏合衬→装门、里襟

3.以下选项中,不符合连腰装里襟工艺要求的是（　　　）。

　A.里襟上口与裤片腰口对齐

　B.装上的里襟下口要长于门襟0.8 cm左右,反面里襟要盖过门襟

  C.门里襟拉链高低一致

  D.里襟与前裤片缝边按1 cm缝合

三、简答题

  请正确写出连腰装拉链面料、辅料部件的名称及数量。

任务二 休闲女裤缝制工艺

一、填空题

1.休闲女西裤做缝制标记的部位有：＿＿＿＿＿＿、＿＿＿＿＿＿、＿＿＿＿＿＿、＿＿＿＿＿＿。

2.后片收腰省,由＿＿＿＿＿缉至＿＿＿＿＿,省向＿＿＿＿＿坐倒。

3.嵌分割片缉合后＿＿＿＿＿,缝份＿＿＿＿＿。在前中片正面缉＿＿＿＿＿明线。

4.合前后裆缝需从前片＿＿＿＿＿开口开始缉合前、后裆缝,锁边,在＿＿＿＿＿裤片正面缉＿＿＿＿cm明线。

5.缉合侧缝,从＿＿＿＿＿缉前后片侧缝至＿＿＿＿＿,缝份＿＿＿＿。

6.装腰里,先将腰里下口扣烫＿＿＿＿＿cm,并压缉＿＿＿＿＿明线。在左右侧缝出 1 cm缝份拼合前、后腰里,从装＿＿＿＿＿缉线起至装＿＿＿＿＿缉线。

二、判断题

1.缉合脚口处时,前片脚口贴边略比后片脚口贴边要短一些。　　　　　　（　　）

2.缉开衩底襟需将开衩底襟外口折光 1 cm,缉 1 cm明线。　　　　　　（　　）

3.按净缝勾缉袋盖,袋盖面下口要长出净缝线 2.5 cm,防止袋盖翻折后露出。

　　　　　　　　　　　　　　　　　　　　　　　　　　　　　　（　　）

4.装腰里,要求缉线位置正确、顺直,腰口与门襟顺接自然到位,腰里不倒吐,腰头方正。　　　　　　　　　　　　　　　　　　　　　　　　　　　（　　）

5.烫裤子上部时,在裤子反面喷水再熨烫。　　　　　　　　　　　　（　　）

6.烫侧缝、下裆缝时,在裤子正面熨烫,需垫干布或拧干的湿布。　　　（　　）

三、单项选择题

1.缉合后腰拼片,在腰拼片正面缉双明线( )和( )。

A.0.1 cm 0.1 cm   B.0.1 cm 0.6 cm

C.0.2 cm 0.3 cm   D.0.2 cm 0.6 cm

2.装袋布,按裤片侧袋位置,袋内按缝份( )cm装缉袋布一道。在袋布正面缉( )cm明显与袋盖明线接合。

A.0.4 cm 0.6 cm   B.0.4 cm 0.4 cm

C.0.6 cm 0.6 cm   D.0.6 cm 0.4 cm

四、简答题

休闲女裤的部件准备。

任务三　牛仔裤缝制工艺

一、填空题

1. 牛仔裤的缝制标记主要有：＿＿＿＿＿＿、＿＿＿＿＿＿、＿＿＿＿＿＿、＿＿＿＿＿＿、＿＿＿＿＿＿。

2. 牛仔裤用五线机缝合下裆缝或用＿＿＿＿＿＿缉合下裆缝。

3. 袋布与月牙袋袋口正面相对，复合在一起后按袋口形状在边沿＿＿＿＿cm处缉线一道。

4. 扣烫腰头时，先将腰头三边的缝份修剪为＿＿＿＿＿＿cm，然后翻到正面扣烫腰下口，确保腰头烫平服，使腰里略大出腰面＿＿＿＿＿＿cm。

5. 在牛仔裤锁前小裆时，左前裤片从小裆处开始，只锁＿＿＿＿＿＿部分，而右前裤片从＿＿＿＿＿口处开始，锁完整个前裆缝。

6. 缉裤脚时，需确保不能起皱，缉线和止口必须保持均匀，头尾处的缝线重合为＿＿＿＿cm。

7. 在牛仔裤缝合侧缝时，使用五线锁边机缉合侧缝。缉合前，需要做标记点的部位有＿＿＿＿＿＿、＿＿＿＿＿＿，以便于缉片的对称。

8. 缉袋垫于袋布上时，＿＿＿＿＿＿与＿＿＿＿＿＿对齐，＿＿＿＿＿＿与＿＿＿＿＿＿对齐，沿袋垫下口边缉线。

9. 牛仔裤缉腰头时，腰面下口按净粉线＿＿＿＿＿＿，腰面＿＿＿＿＿＿不缉。

10. 封套结部位：＿＿＿＿＿＿、＿＿＿＿＿＿、＿＿＿＿＿＿、＿＿＿＿＿＿。

二、判断题

1.缉装后袋时,要求后袋左右对称,缉线均匀顺直,袋口平服。　　　　　　（　　　）

2.牛仔裤锁前小裆时,要求不能出现飞边现象,锁边时要看着正面锁。　　（　　　）

3.缉后袋口时,需用单针缉袋口单明线,要求袋口平整且缉线顺直。　　　（　　　）

4.装表袋时,袋口两边可以不回针。　　　　　　　　　　　　　　　　　（　　　）

5.缉袋布时,需将袋布折上与上袋布、袋口对齐,确保里侧及下边缉线0.2 cm以合袋布。　　　　　　　　　　　　　　　　　　　　　　　　　　　　　　（　　　）

6.熨烫后袋时,将净样板放置在后袋的正中位,然后折起止口并烫实。　　（　　　）

7.牛仔裤后腰口拼片后锁边,并在正面使用双针机压明线。　　　　　　　（　　　）

8.牛仔裤缝制的首道工序为缉合后腰口拼片。　　　　　　　　　　　　　（　　　）

9.牛仔裤侧缝缝份需向后片坐倒,并在后裤片腰口处向下缉15 cm左右的明线。
　　　　　　　　　　　　　　　　　　　　　　　　　　　　　　　　　（　　　）

10.牛仔裤装拉链的方法同男西裤的制作方法相同。　　　　　　　　　　　（　　　）

三、单项选择题

1.牛仔裤无须拷边的部件是(　　　　)。

A.门、里襟　　　　　　B.下裆缝　　　　　　C.侧缝　　　　　　D.腰头

2.牛仔裤后袋的袋型为(　　　　)。

A.贴袋　　　　　　　　B.插袋　　　　　　　C.挖袋　　　　　　D.吊袋

3.牛仔裤的部件中,采用三线锁边的部位是(　　　　)。

A.后腰口拼片处　　B.前小裆　　　　　　C.侧缝　　　　　　D.下裆缝

4.牛仔裤的串带祥宽为(　　　　)。

A.0.5 ~ 0.7 cm　　　　　　　　　　　　B.0.7 ~ 0.9 cm

C.1 ~ 1.2 cm　　　　　　　　　　　　　D.1.2 ~ 1.5 cm

5.牛仔裤腰面上口、下口处缉明线宽分别为(　　　　)。

A.0.1 cm 0.1 cm B.0.15 cm 0.15 cm

C.0.3 cm 0.3 cm D.0.5 cm 0.5 cm

6.以下选项中,牛仔裤面料裁片错误的是( )。

　A.串袋袢六根　　　　　　　　　B.月牙袋袋垫布两片

　C.后裤片腰口拼片两片　　　　　D.内贴袋布一片

7.在牛仔裤制作工艺流程中,下列工序最靠前的是( )。

　A.缝合下裆缝　　　　　　　　　B.缝合后裆缝

　C.装月牙袋　　　　　　　　　　D.装腰头

8.将经过褪色、石磨洗的牛仔成衣再添染其他色彩,以追求鲜艳时尚的色彩效果被称为( )。

　A.退浆　　　　　B.喷砂　　　　　C.套染　　　　　D.石磨

9.缝合牛仔裤侧缝使用( )。

　A.平缝机　　　　B.双针机　　　　C.双针埋夹机　　　D.五线锁边机

四、简答题

1.根据款式题1图的正反面,完整写出牛仔短裤裁片数量及黏衬部件。

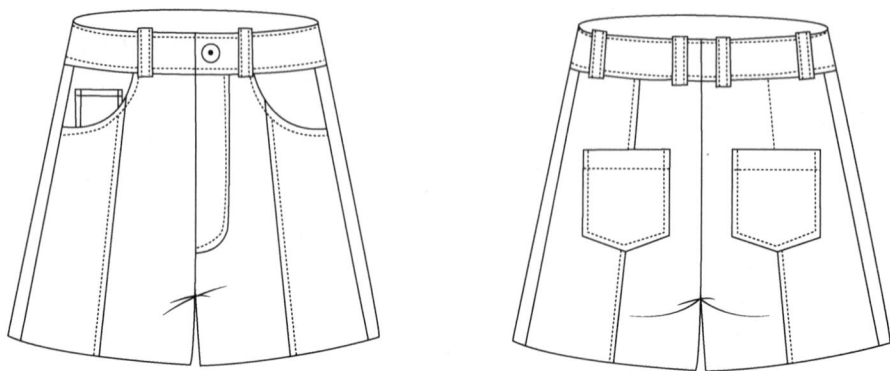

题1图

2.请写出牛仔裤的缝制工艺流程。

3.请写出牛仔服洗水的工艺流程与方法。

项目九 春秋装缝制工艺

任务一 Polo衬领缝制工艺

一、填空题

1.Polo衬领需要粘黏合衬的部位有_____、_____、_____、_____。

2.Polo衬领大多是_____，可采用_____，包边牵条多采用_____。

3.Polo衬领开襟定位时,由_____画平行线,长20 cm。

4.Polo衬领剪开襟时,沿着绘制的平行线,由_____向下剪开,剪至_____开Y形剪口,宽0.6 cm。

5.Polo衬领熨烫门襟时,翻转门襟,缝头倒向_____,三角翻到衣片_____。

6.Polo衬领压领包边牵条时,将门里襟止口翻到_____面,包边牵条_____边翻下,盖住_____。

7.Polo衬领缉门襟止口明线时,只有_____处压住里襟,其余要与里襟分开缉线。

8.Polo衬领缝制时,领圈不能_____或_____,包边牵条不能_____。

二、单项选择题

1.Polo衬领缝合肩缝时,说法错误的是(　　　　)。

  A.肩缝正面相叠　　　　　　　　B.肩缝缝合后,拷边

  C.前片放在上面　　　　　　　　D.肩缝缝份向前片坐倒

2.Polo衬领做领时,需要做的对档眼刀是(　　　　)。

A.对领圈眼刀、对肩眼刀　　　　　B.对领圈中心眼刀、对肩眼刀

C.对领圈眼刀、对缝眼刀　　　　　D.对领圈中心眼刀、对缝眼刀

3.Polo衫领做领,缉领止口明线时,说法正确的是(　　　)。

A.领子正面朝上　　　　　　　　　B.缉线时,领里止口可外吐

C.将领面略向后拉　　　　　　　　D.缉明线的宽度,可自己随意制定

4.Polo衫领缝制时,左右肩缝向(　　　)坐倒。

A.袖隆　　　　　B.前身　　　　　C.领圈　　　　　D.后身

5.下面关于Polo衫领做领的工艺流程,正确的是(　　　)。

A.粘衬→缝合领里、领面→缉领止口明线→修剪、扣烫缝份→翻转领头,做对档眼刀

B.粘衬→缝合领里、领面→修剪、扣烫缝份→缉领止口明线→翻转领头,做对档

C.　　　　　　　　领面→翻转领头,做对档眼刀→修剪、扣烫缝份→缉领止口

D.　　　　　　　领里、领面→修剪、扣烫缝份→翻转领头,做对档眼刀→缉领止口明线

6.下面关于Polo衫领装领、压缉门里襟的工艺流程,排序正确的是(　　　)。

A.做门里襟刀眼→装领及包边牵条→缉门襟止口明线→门里襟下口拷边

B.装领及包边牵条→做门里襟刀眼→缉门襟止口明线→门里襟下口拷边

C.做门里襟刀眼→装领及包边牵条→门里襟下口拷边→缉门襟止口明线

D.装领及包边牵条→做门里襟刀眼→门里襟下口拷边→缉门襟止口明线

三、判断题

1.Polo衫领扣烫门里襟时,门襟两边均需扣烫1 cm。　　　　　　　　　　　(　　　)

2.Polo衫领扣烫门里襟时,里襟一边扣烫1 cm,对折与毛边对齐,熨烫平整。(　　　)

3.Polo衫领做里襟时,若Y形剪口缉毛了,也不影响整体。　　　　　　　　(　　　)

4.Polo衫领门里襟下口需拷边,以防毛漏。 （　　）

5.Polo衫领做领时,领面领角处需稍微拔开。 （　　）

6.Polo衫领做领时,领角处不可缺针或过针。 （　　）

7.Polo衫领做领时,领角处缝份不需要修剪。 （　　）

8.Polo衫领做领时,缝份向领里扣倒。 （　　）

9.Polo衫领缝制时,距门里襟止口3 cm开刀眼。 （　　）

10.Polo衫领缝制时,领子与领圈各部位刀眼要对齐。 （　　）

四、简答题

1.请写出题1图所示Polo衫领的缝制工艺流程。

题1图

2.制作题1图所示Polo衫领时,翻领与包边牵条均采用衣身布料来制作。请写出所需面料的裁片名称。

任务二　立体贴袋缝制工艺

一、填空题

1.立体贴袋,又名_____,是一种形似_____的有盖贴袋。

2.立体贴袋广泛用于_____、_____、_____等服装中。

3.立体贴袋绲袋口贴边时,需按_____扣净袋口,绲止口。

4.立体贴袋,侧袋布袋口按_____扣净,绲止口。

二、单项选择题

1.下列关于立体贴袋的缝制工艺流程,说法正确的是( )。

A.勾绲袋盖→绲袋口贴边→合绲袋布和侧袋布→装袋布和袋盖

B.绲袋口贴边→勾绲袋盖→装袋布和袋盖→做侧袋布

C.做侧袋布→绲袋口贴边→勾绲袋盖→合绲袋布和侧袋布

D.做侧袋布→勾绲袋盖→合绲袋布和侧袋布→装袋布和袋盖

2.立体贴袋常用于下列哪种服装中?( )

A.女西服　　　　　B.男西裤　　　　　C.夹克衫　　　　　D.女衬衫

3.立体贴袋缝制时,袋盖放在( )处绲线固定。

A.袋口下方2 cm处　　　　　　　　B.袋口下方1 cm处

C.袋口上方2 cm处　　　　　　　　D.袋口上方1 cm处

三、判断题

1.立体贴袋,侧袋布需对折,正面中间绲0.1 cm止口。　　　　　　　　( )

2.立体贴袋勾绲袋盖时,袋盖单边封口。　　　　　　　　　　　　　　( )

3.立体贴袋,侧袋布两边毛缝均需扣净烫平。　　　　　　　　　　　　( )

4.立体贴袋缝制时,用倒回针封袋口。 （ ）

5.立体贴袋,侧袋布未扣转缝头一边与袋布几何,两角处剪刀眼。 （ ）

6.立体贴袋缝制时,所有止口,均缉0.1 cm的明线。 （ ）

四、简答题

请观察下表中的图,写出各工艺流程的名称,并按正确的工艺流程排序。

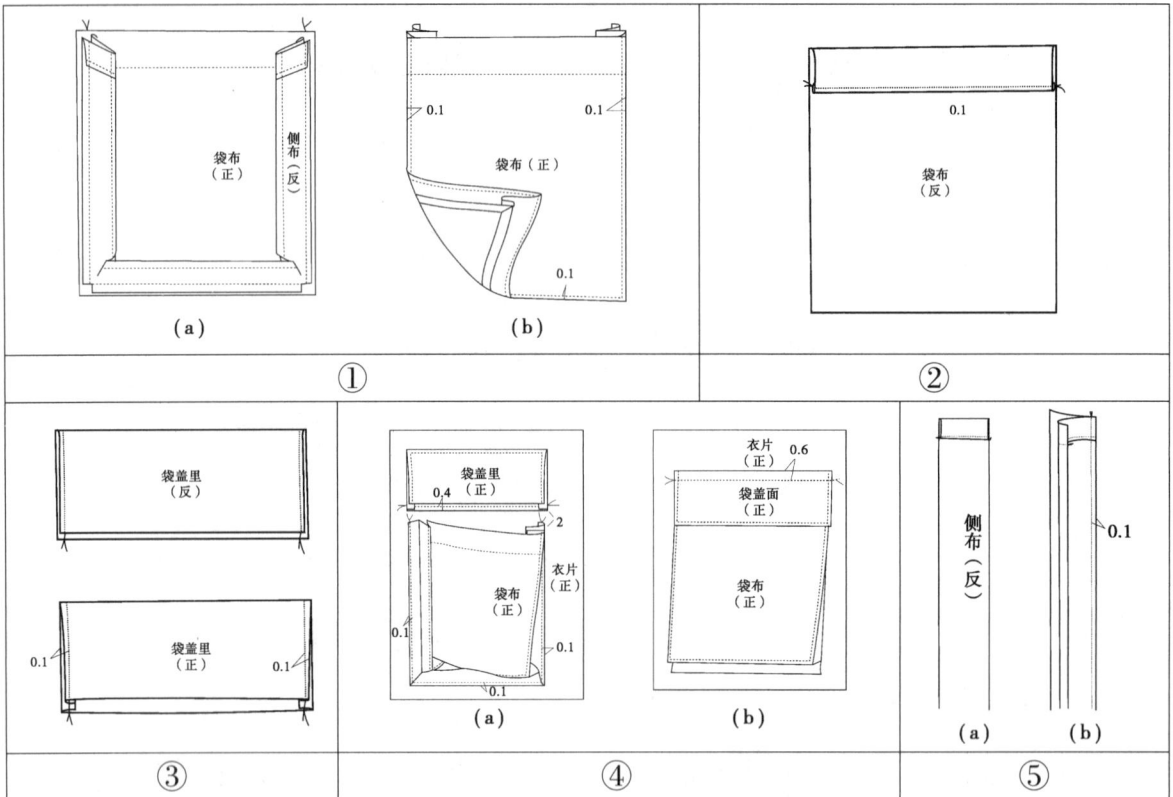

(1)工艺流程的名称:①_____ ②_____

③_____ ④_____ ⑤_____

(2)工艺流程排序:_____

任务三　夹克衫缝制工艺

一、填空题

1.缝合夹克衫衣身肩缝时,用＿＿＿＿＿＿缝合前后肩缝,缝头1 cm向＿＿＿＿＿＿坐倒,正面缉0.15 cm止口。

2.夹克衫缝制对条格面料要求完全＿＿＿＿＿＿。

3.合挂面和夹里时,＿＿＿＿＿＿与＿＿＿＿＿＿平齐,肩缝对齐,正面相叠,夹里放＿＿＿＿＿＿,先合右片夹里,缝份＿＿＿＿cm,底边不缉到头,缝份倒向＿＿＿＿＿＿一边。

4.缝合夹里肩缝时,前后片夹里肩缝正面相叠,＿＿＿＿＿＿与＿＿＿＿＿＿对准,缉缝＿＿＿＿cm,夹里向＿＿＿＿＿＿坐倒,挂面与后领贴边一段打刀眼,烫＿＿＿＿＿＿。

5.夹克衫袖片做缝制标记的部位有:＿＿＿＿＿＿、＿＿＿＿＿＿、＿＿＿＿＿＿。

6.开斜插袋袋口在两道缉线中间剪＿＿＿＿＿＿剪口,将两端三角折向＿＿＿＿＿＿。

二、判断题

1.夹克衫是指衣长较短,宽胸围,紧袖口,宽下摆式样的衣服。　　　　　（　　）

2.夹克衫的衣身和挂面都需要黏衬。　　　　　（　　）

3.夹克衫的后领贴边不需要黏衬。　　　　　（　　）

4.夹克衫装袖采用平缝,然后锁边处理。　　　　　（　　）

5.战斗式夹克衫又称艾森豪威尔夹克衫,其特征是衣身呈蝙蝠形,身、袖之间还有明、暗裥、褶和各种装饰配件,以突出其时装化,适于青少年男子穿着。　　　　　（　　）

6.缝合夹克衫背缝时,需按背中净线绱合背中缝,衣身应向右片烫倒缝,正面压缉0.15 cm止口线。夹里则向左片烫坐倒缝,不用缉明线。　　　　　　（　　　）

7.在修剪夹克衫底边夹里时,需将夹里摆平,确保比底边折边线长出约3 cm并修剪整齐。　　　　　　　　　　　　　　　　　　　　　　　　（　　　）

8.夹克衫的扣袢和夹里锁扣眼,应距尖角处约1.5 cm,眼大约2.2 cm。　　（　　　）

三、单项选择题

1.夹克衫的挂面与后领贴边的缝型为（　　　）。

　　A.坐倒缝　　　　　　　　　　　　　B.分开缝

　　C.分缉缝　　　　　　　　　　　　　D.分压缝

2.夹克衫的小袖袖衩处夹里坐进,正面压缉明线为（　　　）。

　　A.0.3 cm　　　　　B.0.8 cm　　　　　C.0.15 cm　　　　　D.0.5 cm

3.勾缉领座时,夹克衫领面、领里采用（　　　）的处理,分别造型后缝合,这就不需要（　　　）。

　　A.加领座　归拢　　　　　　　　　　B.加领面　拔开

　　C.加底领　熨烫　　　　　　　　　　D.加领座　归拔

4.下面关于夹克衫装垫肩的方法,错误的是（　　　）。

　　A.垫肩对折,偏移1 cm做对肩缝标记

　　B.垫肩在前肩部分长,在后肩部分短

　　C.垫肩外口标记点对准夹里肩缝

　　D.要顺着垫肩的窝势缉线,使成衣肩部窝服

5.夹克衫整烫的步骤是（　　　）。

　　A.领头→前、后身→门里襟止口→底边→袖子

　　B.底边→门里襟止口→袖子→领头→前、后身

　　C.袖子→前、后身→领头→底边→门里襟止口

D.门里襟止口→底边→领头→前、后身→袖子

6.装袖克夫的常用方法是(　　　)。

　　A.夹缉法　　　　　　B.压缉法　　　　　　C.坐缉法　　　　　　D.分缉法

四、简答题

请根据题1图写出该款式需要黏衬的裁片数量及缝制工艺流程。

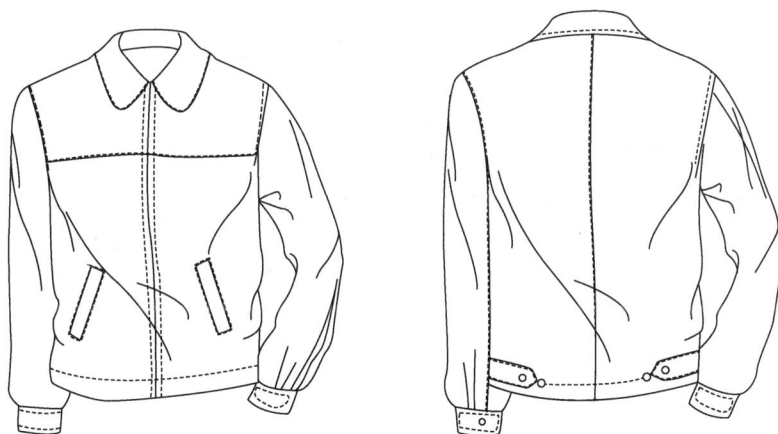

题1图

附录　服装名词术语

一、填空题

1.驳头翻折部位名称为_____。

2.领子与领窝缝合处部位名称为_____。

3.领下口至领腰线之间的距离称为_____;领外口线至领腰线之间的距离称为_____。

4.大腿根至脚口部位名称为_____。

5.裤子前后身的中心直线称为_____。

6.裤装膝盖部位的名称为_____。

7.服装面料"亚麻"的代码为_____;面料"苎麻"的代码为_____。

8.将面料用缝线抽缩成自然细褶的过程称为_____。

9.将平面裤片拔烫成符合人体臀部、下肢形态的过程称为_____。

10.连接后衣身并与肩缝合的部件的名称为_____。

11.真丝面料的英文代码_____。

二、判断题

1.服装面料中羊毛的英文代码为"M"。　　　　　　　　　　　　　　（　　）

2.服装面料中大麻的英文代码为"Hem"。　　　　　　　　　　　　（　　）

3.裤子前后身缝合的外侧缝线也称为挺缝线。　　　　　　　　　　（　　）

4.翻驳领中翻折在外的部分称为驳口线。　　　　　　　　　　　　（　　）

5.领上口与领下口之间的部位称为领里口。　　　　　　　　　　（　　　）

6.通常开襟钉扣的一边称为门襟,锁扣眼的一边称为里襟。　　　（　　　）

7.驳头宽的确定是从驳口线与串口线交点处延长串口至所需长度。（　　　）

8.驳领领子的翻折线应与驳口线顺应一致。　　　　　　　　　　（　　　）

9.服装面料中黄麻的代码为"J"。　　　　　　　　　　　　　　（　　　）

三、单项选择题

1.门襟外侧边沿处称为（　　　）。

    A.驳头　　　　　　　B.门襟　　　　　　　C.里襟　　　　　　　D.门襟止口

2.领子与驳头缝合处的名称为（　　　）。

    A.翻折线　　　　　　B.领豁口　　　　　　C.串口　　　　　　　D.绱领止点

3.领子外翻的连折线是（　　　）。

    A.领上口　　　　　　B.领下口　　　　　　C.领里口　　　　　　D.领外口

4.驳头翻折的下端止点是（　　　）。

    A.领下口　　　　　　B.翻折点　　　　　　C.领豁口　　　　　　D.绱领止点

5.裤子从大腿根部至腰部的部位名称为（　　　）。

    A.中裆　　　　　　　B.烫迹线　　　　　　C.横裆　　　　　　　D.上裆

6.服装面料中"棉"的代码为（　　　）。

    A.C　　　　　　　　B.W　　　　　　　　C.M　　　　　　　　D.RH

7.服装面料中"涤纶"的代码为（　　　）。

    A.SP　　　　　　　　B.N　　　　　　　　C.A　　　　　　　　D.T

8.英文代码"WS"表示哪种服装面料（　　　）。

    A.真丝　　　　　　　B.羊绒　　　　　　　C.氨纶　　　　　　　D.腈纶

四、看图填空题

1.根据图形写出对应的口袋名称。

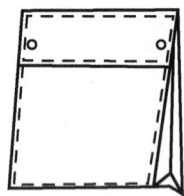

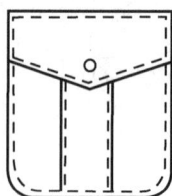

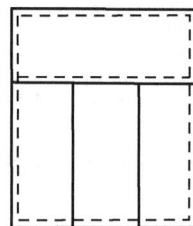

①_____

②_____

③_____

①_____

②_____

③_____

2.根据图形写出对应的袖型名称。

①_____

②_____

③_____

①_____

②_____

③_____

学科综合测试

基础知识测试一

一、填空题(共10题,每题3分,共30分)

1. 用于缝制前定位的针法是_____。

2. 机缝的起落针根据需要可采用_____或_____收牢。

3. 机针的长槽应位于操作者的_____。

4. 一般机针的选用原则是缝料越厚越硬_____;越薄越软_____。

5. 用于抽袖山吃势和收拢圆角内缝的手工针法是_____。

6. 用于拷边后固定贴边的手缝针法是_____。

7. 用于衣片拼接的缝型是_____。

8. "麻"织物面料的耐热温度为_____℃。

9. 黏合衬的类型包括_____和_____。

10. 耐磨且弹性较好的面料是_____。

二、单项选择题(共10题,每题2分,共20分)

1. 下列选项中,表述错误的选项是(　　)。

　A. 钩襻一般用于衣领、裤腰等部位

　B. 钩钉一般在门襟一边,襻钉在里襟一边

　C. 一般钉钩的一侧要缩进,襻的一侧要放出

　D. 钉钩襻针法采用钩针

2. 布馒头不适合辅助熨烫的部位有(　　)。

　A. 袋位　　　　　　B. 驳头　　　　　　C. 袖缝头　　　　　　D. 胸部

3. 适用于临时固定的针法是(　　)。

A. 三角针　　　　　　B. 缲针　　　　　　C. 短绗针　　　　　D. 长短绗针

4. 根据手缝针法的特点,题4图所对应的针法是(　　　)。

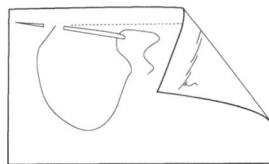

A. 明缲针　　　　　　　　　　　　　B. 杨柳花针

C. 顺钩针　　　　　　　　　　　　　D. 纳针

题4图

5. 一般情况下,薄料、精纺料3 cm长度缝纫针数多少合适(　　　)。

A. 6～8针　　　　　　　　　　　　　B. 8～12针

C. 14～18针　　　　　　　　　　　　D. 18针以上

6. 用于衣片拼接部位的装饰和加固的缝型是(　　　)。

A. 坐缉缝　　　　　　　　　　　　　B. 来去缝

C. 分坐缉缝　　　　　　　　　　　　D. 明包缝

7. 将衣片某部位按预定要求缩短的熨烫过程是(　　　)。

A. 缩水熨烫　　　　　　　　　　　　B. 推烫

C. 拔烫　　　　　　　　　　　　　　D. 归烫

8. 符合人造丝熨烫温度的选项是(　　　)。

A. 180～200 ℃　　　　　　　　　　B. 110～140 ℃

C. 140～180 ℃　　　　　　　　　　D. 90～100 ℃

9. 黏合衬的黏合温度及每压烫一次所在接触部位的停留时间为(　　　)。

A. 120～160 ℃　4～10秒　　　　　B. 100～130 ℃　7～9秒

C. 140～180 ℃　5～7秒　　　　　　D. 180～200 ℃　4～6秒

10. 下列选项中既耐磨又抗皱的织品是(　　　)。

A. 尼龙织品　　　　B. 涤纶织品　　　　C. 丝绸织品　　　　D. 麻织品

三、判断题(共10题,每题2分,共20分)

1. 钉装饰性纽扣可以不饶纽脚,只要钉牢即可。　　　　　　　　　　　　　(　　　)

2. 锁平头扣眼的方法及流程与锁圆头扣眼方法相同。　　　　　　　　　　　(　　　)

3. 空车运转前应扳起压紧扳手,避免压脚与松布牙相互磨损。　　　　　　　(　　　)

4.为了减少坐缉缝的拼接厚度,在平缝时可以通过放大小缝来实现。 （ ）

5.一般纳针的针距为0.5 cm,行距为0.8 cm,形成八字形。 （ ）

6.在男西服纳驳头时,应注意衬紧面松,使纳针后的驳头自然向里翻卷。 （ ）

7.缝厚、紧、硬的衣料时,适当调紧底面线,加大压脚压力,适当抬高送布牙。

（ ）

8.平缝两层衣料时,左手向前推送下层衣片,右手适当拉紧上层衣片。 （ ）

9.熨烫温度高于黏合温度,会导致衣片脱胶。 （ ）

10.裁剪有纺衬时需考虑其纱向与本布料的纱向保持一致,而裁剪无纺衬时则无须考虑纱向。 （ ）

四、简答题(共3题,每题10分,共30分)

1.锁扣眼的步骤是什么?

2.熨烫定型五要素是什么?

3.消除极光、倒绒现象的方法有哪些?

基础知识测试二

一、填空题（共10题，每题3分，共30分）

1.缝线的选用根据面料的_____、_____而定。

2.钩针的运用能使斜丝部位不断线不拉宽，以达到_____的作用。

3.卷缉贴边时，因是反面缉线可将_____已达到正面线迹清晰、美观效果。

4.锁扣眼针距一般控制在_____左右，在扣眼周围_____打线衬。

5.安装机针时，要求机针的长槽应位于操作者的_____。

6._____用于熨烫已缝成圆筒形的缝子。

7.棉织物的耐热范围为_____℃，在原位熨烫停留时间为_____秒。

8.倒回车针可重复来回缝_____道，长度控制在_____cm。

9._____用于拷边后固定贴边的手缝针法。

10.皮革面料熨烫温度为_____。

二、单项选择题（共10题，每题2分，共20分）

1.不符合缝制薄、松、软面料要求的选项是（　　）。

　　A.底、面线都适当放松　　　　　　　B.减小压脚压力

　　C.放低松布牙　　　　　　　　　　　D.针距调大

2.衣片正面胶粒凸起的主要原因是（　　）。

　　A.熨烫压力过大　　　　　　　　　　B.黏合衬黏胶为点状

　　C.熨烫时间过长　　　　　　　　　　D.衣片面料过薄

3.选项中表述不正确的是（　　）。

　　A.有纺衬的裁剪一般采用与本布料相同的布纹方向

　　B.黏合衬裁剪时，应把基布朝中间对折

C.非织造黏合衬裁剪时无须考虑布纹方向

D.不缉明线的部位粘衬,黏合衬要留出比净缝多的缝头

4.适用于辅助熨烫衣服的胖势和弯势等部位的熨烫工具是(　　)。

　　A.布馒头　　　　　　B.铁凳　　　　　　C.长板凳　　　　　　D.弓形烫板

5.两层衣片平缝后,一层毛缝坐倒,缝口分开,在坐缝上压缉一道线。该描述的缝型是(　　)。

　　A.坐缉缝　　　　　　B.来去缝　　　　　　C.搭缝　　　　　　D.分坐缉缝

6.根据熨烫特点和操作手法,题6图属于哪种熨烫技法(　　)。

　　A.归烫分缝　　　　　　　　　　B.平烫分缝

　　C.扣烫缝　　　　　　　　　　　D.拔烫分缝

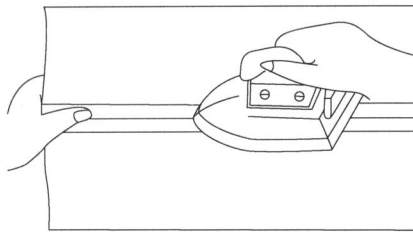

题6图

7.以下选项中,不符合非织造黏合衬特点的是(　　)。

　　A.熔点低　　　　　　　　　　B.成本较高

　　C.黏合快　　　　　　　　　　D.无经纬向

8.洗涤后衣片正面起泡的正确处理方式是(　　)。

　　A.降低熨烫温度,适当增加压力,延长时间

　　B.黏合后充分冷却

　　C.改用缩水率同面料一致的黏合衬

　　D.改用质量过关的黏合衬

9.合成纤维熨烫的耐热温度为(　　)。

　　A.180～200 ℃　　　　　　　　B.150～170 ℃

　　C.130～150 ℃　　　　　　　　D.90 ℃以下

三、判断题（共10题,每题2分,共20分）

1. 维纶服装不能喷水,也不宜垫湿布熨烫,通常采用干布熨烫。(　　)

2. 真丝面料的耐热范围为100~120 ℃。(　　)

3. 毛织物面料的耐热性比较差,所以原位熨烫停留时间一般为2~3秒。(　　)

4. 避免黏合衬脱胶,熨烫的温度必须低于第一次的黏合温度。(　　)

5. 黏合熨烫时,须先将面料进行归拔后再进行衬布黏合。(　　)

6. 一般衣、裙下摆都采用直扣烫。(　　)

7. 卷边缝是处理衣片边缘的一种方法,也是一种装饰工艺。(　　)

8. 当底线过紧,面线过松时,可适当调松梭皮螺丝和旋紧夹线弹簧。(　　)

9. 驳头翻折的下端止点处称绱领止点。(　　)

10. 高档西服驳头止口以下的反面止口处,通常采用拱针针法装饰。(　　)

四、简答题（共3题,每题10分,共30分）

1. 黏合衬的选用原则?

2. 衬衣熨烫的步骤?

3. 根据图形填写缝型名称。

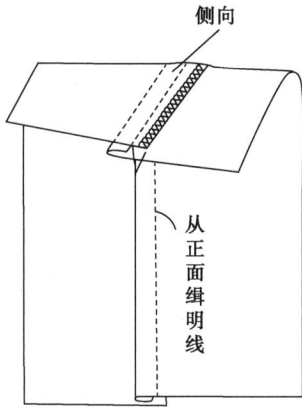

侧向

从正面缉明线

①

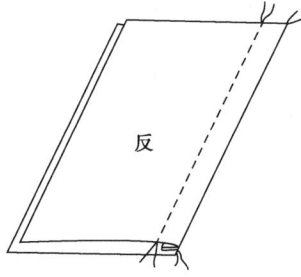

反

②

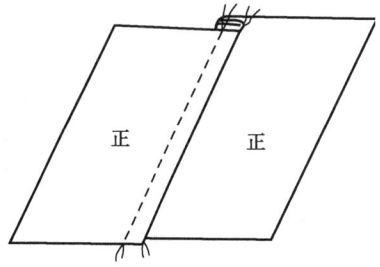

正　正

③

①_____　②_____　③_____

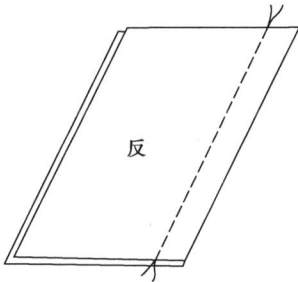

反

④

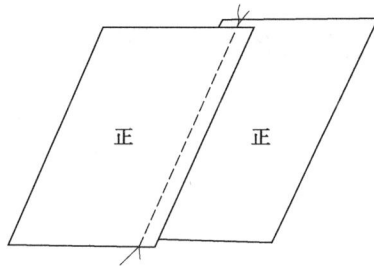

正　正

⑤

④_____　⑤_____

上装知识测试一

一、填空题（共10题，每题3分，共30分）

1.女衬衫肩缝缝合拷边后，缝分向_____坐倒。

2.女衬衫黏黏合衬的部件有：领衬两片、_____四片、_____各一片。

3.女衬衫翻烫立领前，须先将领上口缝分修剪为_____cm。

4.标准男衬衫的胸贴袋，袋口贴边两折后净宽为_____cm。

5.夹克衫挂面与后领贴边拼接处采用的缝型是_____。

6.女上衣前胸省缝倒向_____，省尖处不能有_____。

7.装袖窿衬条的目的是使袖山_____、_____。

8.男西服需要复马尾衬的部件是_____。

9.西服整烫的首道工序是_____。

10.男、女西服肩宽测量允许偏差为_____cm。

二、判断题（共10题，每题2分，共20分）

1.一般袖克夫里比袖克夫面的缝头应修小0.15 cm。　　　　　（　　）

2.一般衬衫立领搭门锁横扣眼，衣身门襟则采用锁竖扣眼。　（　　）

3.男衬衫前衣片需做缝制标记的部位只有门、里襟贴边宽和底边贴边宽两处。

（　　）

4.在抽袖山头吃势时，通常袖山最高点的吃势量要大于前后袖山段的吃势量。

（　　）

5.在装西服垫肩之前需要在袖窿处装袖窿衬条。　　　　　　（　　）

6.给西服装垫肩时，通常垫肩在前肩部分较短，后肩部分较长，且垫肩应比袖窿毛

缝宽出 0.2 cm。 （　　　）

7.一般西服门襟和眼采用平头扣眼,扣眼大小为1.8 cm。 （　　　）

8.在整烫驳头、领头时,应将驳口线至驳头长2/3处进行烫煞处理,留出剩余的1/3不烫煞,以增加驳头立体感。 （　　　）

9.男西服肚省袋口反面处需要单独黏贴有纺衬。 （　　　）

10.男士衬衫领面粘衬时,多采用毛样树脂衬。 （　　　）

三、单项选择题(共10题,每题2分,共20分)

1.以下符合男西服装领工序的是(　　　)。

A.装领面→定领里、领面→绷领里→固定衣身夹里→分缝烫烫缝份→熨烫定型

B.固定衣身夹里→装领面→定领里、领面→绷领里→分缝烫烫缝份→熨烫定型

C.固定衣身夹里→装领面→分缝烫烫缝份→定领里、领面→绷领里→熨烫定型

D.定领里、领面→绷领里→固定衣身夹里→分缝烫烫缝份→装领面→熨烫定型

2.在袖窿处装袖窿衬条的作用是(　　　)。

A.增强袖窿处强度 　　　　　　B.使袖山圆顺、饱满

C.起到更好的定型作用 　　　　D.方便装袖过程的缝制

3.西服整烫的最后一道工艺是(　　　)。

A.轧袖窿 　　　B.烫驳头 　　　C.烫底边 　　　D.烫夹里

4.男、女西服测量衣长和胸围的允许公差分别是(　　　)。

A.±1 cm 和±2 cm 　　　　　　B.±0.7 cm 和±1 cm

C.±0.6 cm 和±0.7 cm 　　　　D.±0.6 cm 和±2 cm

5.以下选项中,男西服部件需粘无纺衬的是(　　　)。

A.前衣身 　　B.挂面 　　C.领面 　　D.袖口

6.以下选项中,关于处理男西服胸省正确的描述是(　　　)。

A.将缝制后的胸省倒向前止口烫煞

B.将缝制后的胸省倒向衣身侧缝,省尖处倒来回针加固

C.将缝制后的胸省剪距省尖3.5~4 cm处,然后将胸省烫分开缝

D.将缝制后的胸省剪距省尖0.1~0.2 cm处,然后将胸省烫分开缝

7.以下选项中,男西服部件无须粘黏合衬的是(　　　)。

    A.大身　　　　　　B.领面　　　　　　C.后衣片　　　　　　D.耳朵片

8.以下选项中,关于驳口线熨烫的正确处理方法是(　　　)。

A.眼位以下大身止口对齐熨烫,上眼位以上驳头止口坐出0.1 cm

B.眼位以下大身止口坐出0.1 cm左右,上眼位以上驳头止口坐出0.1 cm

C.眼位以下大身止口坐进0.1 cm左右,上眼位以上驳头止口坐进0.1 cm

D.眼位以下大身止口坐进0.1 cm左右,上眼位以上驳头止口对齐熨烫

9.缝制男西服摆缝时,做底边的工艺顺序是(　　　)。

A.缝合摆缝→滴摆缝→大身定位→做底边

B.缝合摆缝→做底边→滴摆缝→大身定位

C.大身定位→缝合摆缝→滴摆缝→做底边

D.做底边→缝合摆缝→滴摆缝→大身定位

10.常规女衬衫粘衬部位包括(　　　)。

    A.衣身底边　　　　B.门襟上口　　　　C.袖克夫　　　　　D.前衣片

四、简答题(共3题,每题10分,共30分)

1.请写出男西服的整烫工艺流程。

2.根据题2图写出面料部件与数量。

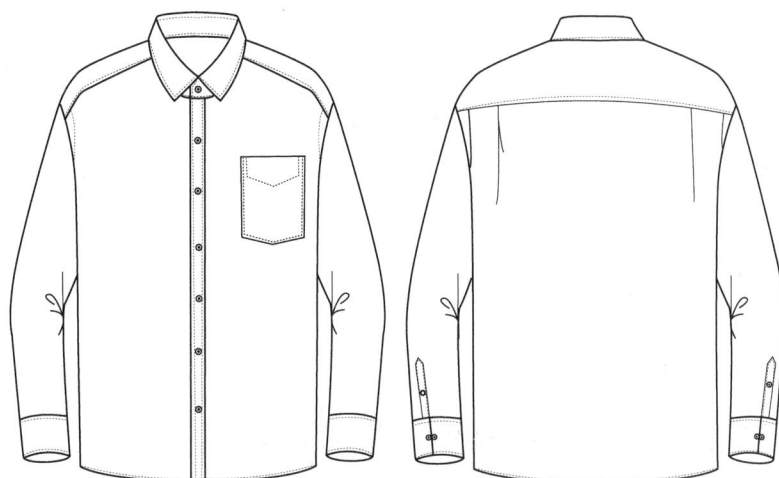

题2图

3.男西服前衣片需要打线丁的部位有哪些?

上装知识测试二

一、填空题(共10题,每题3分,共30分)

1.男西服整体熨烫的最后一道工序是_____。

2.一般女衬衫后腰省缝应倒向_____。

3.抽袖山吃势时,用长针距在袖山头离边_____和_____处分别机缝两道线。

4.夹克衫一般使用_____缝合前后肩缝,缝分1 cm向_____坐倒。

5.女上衣复挂面时,要求驳头驳角处_____。

6.女上衣做半夹里时,后刀背缝、后中缝等缝边需采用_____处理。

7.男、女西服抽袖山吃势要求,前袖山斜坡吃势量_____于后袖山,袖山最高点处_____吃势。

8.男西服的袖山吃势量一般为_____左右,可根据面料的_____适当增减。

9.西服整烫一般采用_____熨烫。

10.男西服缝制的首道工艺是_____。

二、单项选择题(共10题,每题2分,共20分)

1.以下选项中,关于做西服袖的表述不正确的是(   )。

　A.车缉后袖缝在大袖上段10 cm处略放吃势

　B.缉好后的前、后袖缝烫分开缝,袖衩倒向大袖

　C.袖缝夹里烫分开缝,袖衩倒向大袖

　D.装袖夹里与面前后袖缝的缝头用手针短绗针固定,且上下各预留10 cm不缝

2.以下选项中,关于装西服袖的表述正确的是(　　　)。

   A.一般袖窿弧线略大于袖山弧线

   B.袖窿衬条宽1 cm,长度以前袖缝过袖山中点至后袖缝为宜

   C.垫肩位于前肩的部分长,后肩的部分短

   D.垫肩外口比袖窿毛缝宽0.2 cm

3.西装整烫的前五步按顺序是(　　　)。

   A.轧袖窿→烫胸部→烫肩头→烫袖子→烫吸腰及袋口

   B.轧袖窿→烫袖子→烫肩头→烫胸部→烫吸腰及袋口

   C.烫袖子→烫肩头→轧袖窿→烫胸部→烫吸腰及袋口

   D.烫胸部→烫吸腰及袋口→烫肩头→轧袖窿→烫袖子

4.以下选项中,表述正确的是(　　　)。

   A.男西服的袋盖里、面黏无纺衬

   B.男西服的领面、里黏无纺衬

   C.男西服胸省应倒向侧缝烫平

   D.男西服的肚省袋口处反面无须粘衬

5.以下关于西服的工艺中,需黏合有纺衬的是(　　　)。

   A.嵌线　　　　　　B.袖口　　　　　　C.袖衩　　　　　　D.前衣身

6.女上衣做半夹里时,无须滚边的部位包括(　　　)。

   A.背中缝　　　　　B.挂面里口　　　　C.前刀背缝　　　　D.摆缝

7.以下选项中,关于翻烫驳头止口表述不正确的是(　　　)。

   A.修剪止口缝头时,大身留0.4 cm,挂面留0.6 cm

   B.上眼位以下沿绱线坐进0.1~0.2 cm处向大身板倒,用缲针将缝头绗牢。

   C.驳口线的上眼位以下大身止口坐进0.1 cm左右,上眼位以上驳头止口坐进

    0.1 cm

   D.翻烫止口时,采用盖水布将止口烫薄、烫煞

8.男西服可以拼接的部位有( )。

    A.驳头   B.领子   C.夹里   D.耳朵片

9.绱袖子之前应检查( )。

    A.核对袖山与袖窿长度是否吻合   B.袖山是否圆顺

    C.条格是否对齐   D.袖山与袖窿丝绺是否合规

10.以下选项中,关于复挂面表述不正确的是( )。

    A.驳头上段直丝不允许偏斜

    B.上眼位置至驳头5～6 cm处允许偏差0.5 cm

    C.挂面与衣片正面相对,驳头处挂面比衣片放出0.5～0.7 cm

    D.驳头上段上眼位处驳头挂面略松,驳头中段以下挂面带紧

三、判断题(共10题,每题2分,共20分)

1.由于裁剪时翻领比底领长0.6 cm,所以底领在两侧肩缝段要适当拔开。 ( )

2.做衬衫底领,在修剪底领缝头时,领面比领里的缝头多0.7 cm。 ( )

3.男西服缝制条格面料左右衣身允许有0.3～0.5 cm的误差。 ( )

4.绱袖子时,要求袖山弧长小于或等于袖窿弧长。 ( )

5.男西服的手巾袋属于插袋型口袋。 ( )

6.男、女西服规格测量,肩宽允许0.6 cm公差。 ( )

7.装垫肩时,垫肩外口标记点应对准肩缝并对齐毛缝。 ( )

8.夹克衫的前衣身和挂面都需要粘衬。 ( )

9.男士衬衫的领面只可采用无纺衬。 ( )

10.熨烫驳头时,驳口线烫至驳头长2/3处,留出1/3不要烫煞,以增强驳头立体感。

( )

四、简答题(共3题,每题10分,共30分)

    1.男西服需要黏合牵带的部位有哪些?

    2.男西服需粘无纺衬的部件有哪些?

    3.根据题3图的标注,正确填写男西服后衣片①、②、③、④、⑤部位处的熨烫要求。

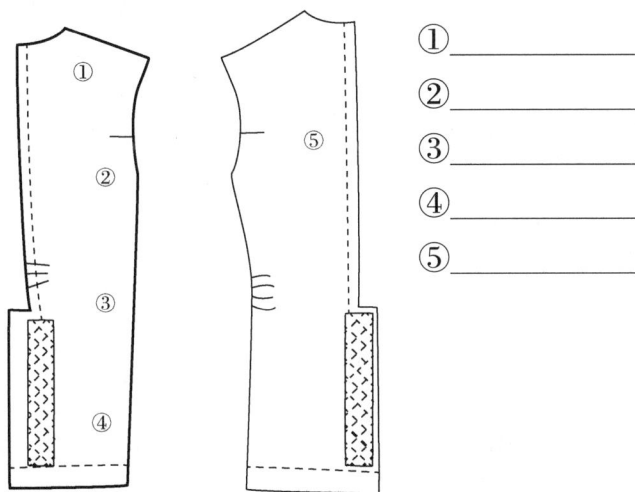

①＿＿＿＿＿＿＿＿＿

②＿＿＿＿＿＿＿＿＿

③＿＿＿＿＿＿＿＿＿

④＿＿＿＿＿＿＿＿＿

⑤＿＿＿＿＿＿＿＿＿

题3图

下装知识测试一

一、填空题(共10题,每题3分,共30分)

1.兜缉袋布时,采用的缝型是_____。

2.打线丁一般采用_____为宜。

3.西裤后裤片省缝倒向_____。

4.开袋口时,沿袋口缉线中间剪开,在离开两端0.8 cm处剪三角,不能剪断缉线,应离缉线_____。

5.单嵌线制作过程中,固定嵌线之后的一道工艺是_____。

6.精做工艺的缝制标记采用_____方法。

7.男西裤的门襟缉明线宽为_____左右。

8.牛仔裤下裆缝采用_____或用双针埋夹机缝合。

9.缝合西裤后裆缝时,所采用的缝型是_____。

10.配置全夹里以_____的面料为宜。

二、单项选择题(共10题,每题2分,共20分)

1.以下选项中不属于插袋部件的是(   )。

  A.袋布   B.袋贴   C.袋口衬条   D.袋布衬条

2.男西裤直插袋袋口上口距腰口的距离和袋口大分别为(   )。

  A.2 cm和13.5 cm   B.4 cm和15 cm

  C.4 cm和13.5 cm   D.1 cm和15.5 cm

3.以下选项中符合男西裤后嵌线制作规格的是(   )。

  A.袋口大约13.5 cm,嵌线宽0.7 cm,距离腰口4 cm,距侧缝4.5 cm

B.袋口大约15 cm,嵌线宽0.7 cm,距离腰口7 cm,距侧缝4.5 cm

C.袋口大约13.5 cm,嵌线宽1 cm,距离腰口7 cm,距侧缝4.5 cm

D.袋口大约15 cm,嵌线宽1 cm,距离腰口4.5 cm,距侧缝7 cm

4.以下选项中无须打线丁的部位是( )。

    A.后省位   B.下裆缝   C.烫迹线   D.后袋位

5.单嵌线袋制作中,缉袋嵌线与缉袋垫布两线之间的距离是( )。

    A.1 cm   B.1.2 cm   C.1.5 cm   D.2 cm

6.做连腰门襟无须黏衬的部件有( )。

    A.腰里   B.门襟   C.里襟   D.腰面

7.以下选项中,需要归烫的部位有( )。

    A.前片脚口   B.前中裆

    C.膝盖处   D.后窿门横丝绺处

8.男西裤袋口大以及袋口正面缉明线宽为( )。

    A.13.5 ~ 14 cm,1 ~ 1.2 cm

    B.15 ~ 15.5 cm,0.7 ~ 0.8 cm

    C.15 ~ 15.5 cm,1 ~ 1.2 cm

    D.13 ~ 14.5 cm,0.7 ~ 0.8 cm

9.西裤后袋封门字形时,要把上口向下推成弧形,其目的是( )。

    A.防止袋口毛出   B.嵌线顺直

    C.使袋口不豁开   D.达到吃势效果

10.压缉男西裤腰头时,为防止产生涟形,下层夹里和腰面分别应( )。

    A.稍拉紧 略推送   B.稍拉紧 稍拉紧

    C.略推送 稍拉紧   D.略推送 略推送

三、判断题(共10题,每题2分,共20分)

1.男西裤侧缝插袋的袋口大为13.5 cm,袋口明线宽为1 cm左右。   ( )

2.通常男西裤采用斜插袋,女西裤采用直插袋。 （　）

3.男西裤后袋的下嵌线和袋垫布一边需拷边,而上嵌线不拷边。 （　）

4.男西裤的前裤片袋口贴边缝头处需要黏衬条。 （　）

5.男西裤的直插袋部件都不需要拷边。 （　）

6.制作男西裤后袋口时,嵌线与后裤片的反面袋位处需要黏衬。 （　）

7.单嵌线开袋口之前,需先将嵌线与袋垫布在后裤片反面开袋处固定。 （　）

8.女西裤缝合前、后裆缝前,需先将门襟与前裤片缝合。 （　）

9.男西裤后窿门横丝绺需归烫,后窿门以下10 cm处应拔开。 （　）

10.牛仔裤的后袋袋型为插袋。 （　）

四、简答题(共3题,每题10分,共30分)

1.男西裤的串带袢位置如何确定?

2.牛仔服洗水的工艺流程与方法有哪些?

3.如题3图所示,根据图形数字相对应部位,填写女西裤后裤片的归拔符号。

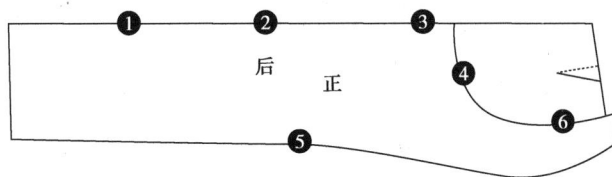

题3图

①＿＿＿＿＿＿＿＿　②＿＿＿＿＿＿＿＿　③＿＿＿＿＿＿＿＿　④＿＿＿＿＿＿＿＿

⑤＿＿＿＿＿＿＿＿　⑥＿＿＿＿＿＿＿＿

下装知识测试二

一、填空题(共10题,每题3分,共30分)

1.双嵌线袋上、下嵌线宽各为_____。

2.男西裤的串带袢净宽为_____。

3.装侧缝直袋的前一道工序是_____。

4.男西裤缝制的首道工序是_____。

5.男西裤裁片无须拷边的部位是_____。

6.男西裤的脚口贴边采用_____固定。

7.女西裤的门襟一般制作在裤片的_____。

8.单嵌线袋制作工艺首道流程是_____。

9.牛仔裤腰头缉明线宽_____cm。

10.做后袋时,出现袋角毛露现象的原因是_____。

二、单项选择题(共10题,每题2分,共20分)

1.选项中不符合男西裤装腰对档刀眼位的是(　　)。

　A.前门襟止口　　　　　　　　B.后中缝

　C.侧缝处　　　　　　　　　　D.腰头1/2处

2.以下选项中无须拷边的部件是(　　)。

　A.袋垫布　　　B.门襟外口　　　C.里襟　　　　D.腰口

3.男西裤后裤片需要拔烫的部位是(　　)。

　A.后窿门横丝绺处　　　　　　B.后缝中段处

　C.侧袋口胖势　　　　　　　　D.后窿门以下10 cm

4.男西裤前裤片需要归烫的部位是(　　　　)。

    A.下裆缝中档处　　　　　　　　　　B.脚口贴边凹势

    C.腰口处　　　　　　　　　　　　　D.膝盖处

5.男西裤封小裆时,要求门襟应比里襟长(　　　　)。

    A.0.15 cm　　　　　B.0.3 cm　　　　　C.0.5 cm　　　　　D.1 cm

6.以下选项中不符合男西裤款式后开袋袋型的是(　　　　)。

    A.单嵌线　　　　　B.双嵌线　　　　　C.装袋盖与装扣袢　D.贴袋

7.装门里襟拉链时,要求门襟止口盖过里襟处的缉线是(　　　　)。

    A.上口 0.1 cm,下口 0.3 cm　　　　　B.上口 0.3 cm,下口 0.1 cm

    C.上口 0.3 cm,下口 0.3 cm　　　　　D.上口 0.1 cm,下口 0.1 cm

8.以下符合侧缝直袋的缝制工艺流程的选项是(　　　　)。

    A.缝袋开口→搭缉袋布→缉袋口明线→固定后袋布袋口→缉袋垫布与裤片→
　　　整烫

    B.缉袋口明线→固定后袋布袋口→缝袋开口→搭缉袋布→缉袋垫布与裤片→
　　　整烫

    C.搭缉袋布→缉袋口明线→缉袋垫布与后裤片→固定后袋布袋口→缝袋开口→
　　　整烫

    D.固定后袋布袋口→缝袋开口→搭缉袋布→缉袋口明线→缉袋垫布与裤片→
　　　整烫

9.给经过褪色、石磨洗的牛仔成衣再添其他色彩的过程称(　　　　)。

    A.退浆　　　　　B.染洗　　　　　C.石磨　　　　　D.喷砂

10.以下选项中,无须封套结的部位是(　　　　)。

    A.后袋口　　　　　B.串带袢上下　　　　　C.脚口　　　　　D.裆底十字点处

三、判断题(共10题,每题2分,共20分)

    1.西裤的内侧缝和外侧缝都采用分开缝。　　　　　　　　　　　　　　　　(　　　)

2.女西裤的袋口大为15 cm左右合适。　　　　　　　　　　　（　　）

3.女西裤的后片省缝应倒向后裆缝。　　　　　　　　　　　　（　　）

4.西裤腰头锁眼,一般采用圆头竖向扣眼,扣眼大为1.5 cm。　（　　）

5.男西裤的前片侧袋口胖势需要归直,侧缝中裆处凹势需要略拔开。（　　）

6.做缝制标记的方法只有打线丁一种。　　　　　　　　　　　（　　）

7.男西裤的熨烫采用干烫和喷水熨烫相结合的方式。　　　　　（　　）

8.牛仔裤除腰头外,其余部位都需要拷边。　　　　　　　　　（　　）

9.制作牛仔裤的首道工序是黏黏合衬。　　　　　　　　　　　（　　）

10.牛仔裤装门、里襟拉链与男西裤装门、里襟拉链的方法一样。（　　）

四、简答题(共3题,每题10分,共30分)

1.根据西裤缝制工艺,完整写出男西裤需黏衬的部位。

2.请任意填写五处男西裤后裤片打线丁的部位。

3.如题3图所示,根据款式图任写五个裁片名称及数量(多填无效),并完整写出该款式需黏衬部件的名称。

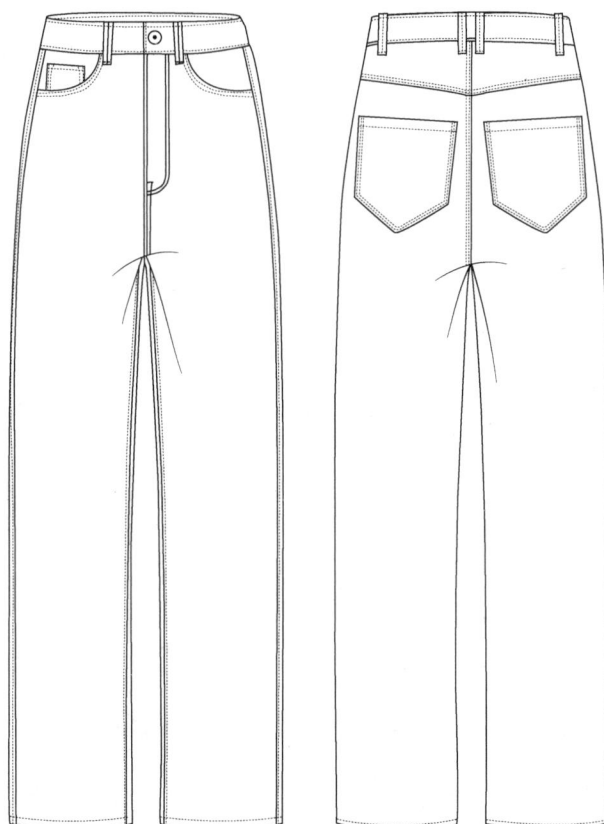

题3图

服装设计与工艺专业综合测试

专业综合测试一

（满分200分，考试时间60分钟）

一、单项选择题(本大题共25小题，每小题4分，共100分)

从每个小题的四个备选答案中，选出一个最符合题目要求的，并将答案标号填写在题后的括号内。

1. 制图符号 表示的是(　　)。

　　A.褶量在内的褶裥　　　　　　　　B.褶量在外的褶裥

　　C.明裥　　　　　　　　　　　　　D.扑裥

2. 结构图 的款式图是(　　)。

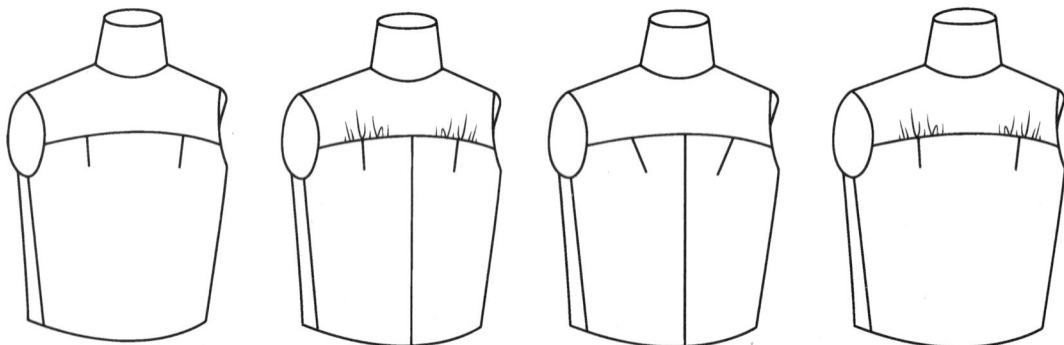

A　　　　　　　　B　　　　　　　　C　　　　　　　　D

3. 款式图 对应的结构图是(　　)。

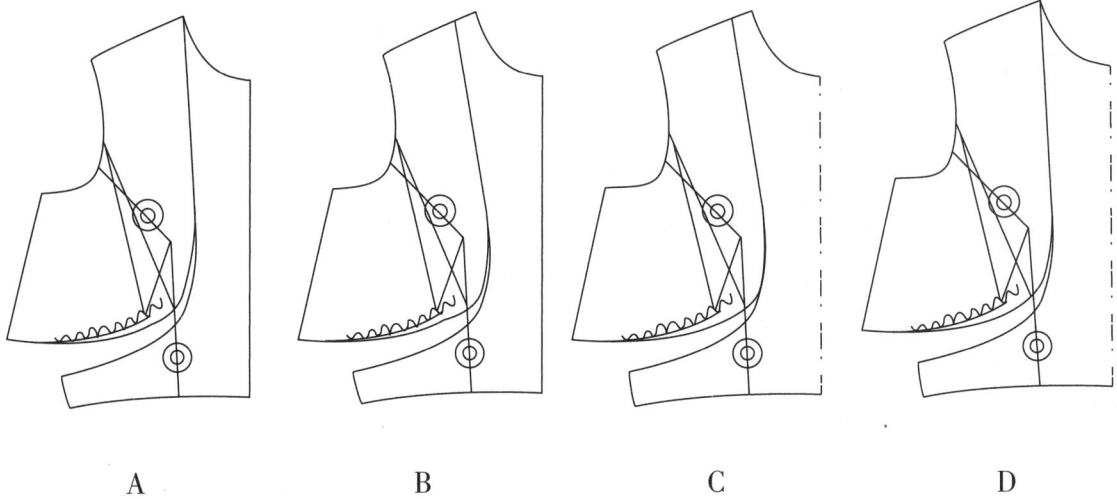

| A | B | C | D |

4.以下结构图中不属于翻领的结构是(   )。

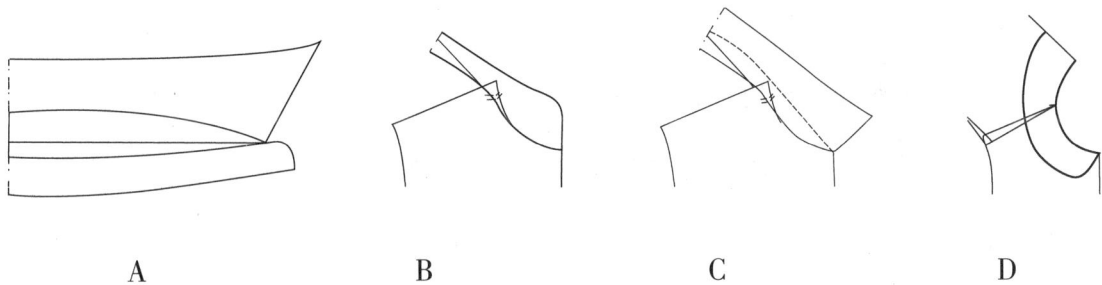

| A | B | C | D |

5.如题5图所示的袖子,正确的结构图是(   )。

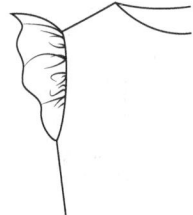

题5图

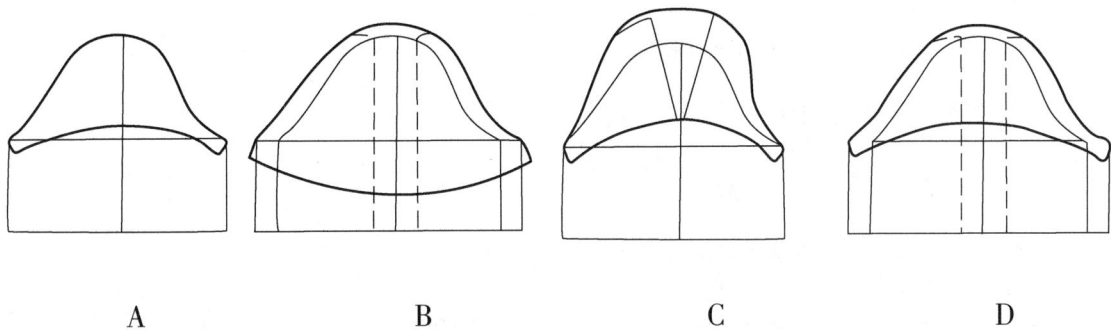

| A | B | C | D |

6.某青年女性身高160 cm,胸围85 cm,腰围62 cm,臀围81 cm,她的体型分类属于(   )。

A.Y   B.A   C.B   D.C

7.女西裤的臀围放松量一般为(   )。

A.1～2 cm   B.3～6 cm   C.7～10 cm   D.11～13 cm

8.以下说法正确的是(   )。

   A.当袖窿弧长 AH一定时,确定了袖肥以后,袖山深可以自由调节。

   B.同一个人穿着西服和中山服,其袖长应该相等。

   C.腰节的男低女高特征,使得同样裤长的女裤直裆长于男裤直裆

   D.比例制图法、基型法都属于原型制图法。

9.关于人体的测量方法,以下说法错误的是(   )。

   A.测体时,要求被测者双臂自然下垂,呼吸正常,抬头挺胸

   B.同一穿着对象,西服袖要比中山服短,因西服的穿着要求是袖口处要露出1/2
      的衬衫袖头

   C.乳距是两乳峰之间的距离

   D.前腰节长是由右颈肩点通过胸部最高点量到腰部最细处的距离

10.裤子、裙子按服装的分类标准,以下选项正确的是(   )。

   A.按款式分   B.按季节分   C.按性别分   D.按用途分

11.以下色彩中独立性较弱的是(   )。

   A.黑色   B.黄色   C.蓝色   D.红色

12.日常穿用的职业套装中最常用的图案是(   )。

   A.植物纹样   B.花卉纹样   C.动物纹样   D.条格纹样

13.下列案例中不属于仿生学启示的是(   )。

   A.马蹄袖   B.蝙蝠衫   C.喇叭裙   D.羊毛衫

14.下列选项中不属于 A型外廓形的是(   )。

   A.披风   B.斜裙   C.小喇叭裤   D.喇叭裙

15.要在大衣上锁一颗胸针,其装饰手法是(   )。

   A.刺绣   B.钉缀   C.拼接   D.添加饰物

16.一个完整的好的系列产品中一般包括(   )。

   A.主打产品、次要产品、延伸产品、尝试产品

B.主打产品、衬托产品、延伸产品、尝试产品

C.主打产品、衬托产品、延伸产品、创新产品

D.主打产品、次要产品、延伸产品、创新产品

17.题17图中服装创意的素材来源于(　　　)。

题17图

　A.风格构思 　　　　　　　　　　　　B.主题构思

　C.仿生学启示 　　　　　　　　　　　D.文艺作品启示

18.来去缝是将衣片反面相叠,平缝(　　　)缝头后把毛丝修齐,翻转后正面相叠合缉(　　　)或(　　　),把第一道毛缝包在里面。

　A.0.4 cm;0.5 cm;0.6 cm 　　　　　　B.0.5 cm;0.2 cm;0.3 cm

　C.1 cm;0.5 cm;0.6 cm 　　　　　　　D.0.3 cm;0.5 cm;0.6 cm

19.下列不属于黏合衬的作用的是(　　　)。

　A.加固服装缝子 　　　　　　　　　　B.为服装定型

　C.使服装挺括 　　　　　　　　　　　D.增加服装厚度

20.衣片需要归拢,由外向内做弧线运动,所采用的熨烫技法是(　　　)。

　A.拔烫 　　　　　　B.折边缝熨烫 　　　　　C.平缝熨烫 　　　　　D.归烫

21.女西裤中不需拷边的部位是(　　　)。

　A.腰口 　　　　　　B.下裆缝 　　　　　　　C.侧缝 　　　　　　　D.脚口

22.在进行织物的熨烫时,不能喷水,也不宜垫湿布熨烫,在潮湿状态下遇到高温会收缩,甚至熔融的织物是( )。

    A.柞蚕丝   B.氨纶   C.黏胶   D.维纶

23.缝制女衬衫时需要烫衬的部位是( )。

    A.袖身   B.前片   C.领衬   D.下摆

24.关于上装缝制工艺,下列说法中不正确的是( )。

    A.女衬衣缝制时缝合肩缝的前一步是缝合摆缝

    B.男衬衫缝合肩缝时,后片放在下层,过肩夹里肩缝正面与前肩缝反面相对

    C.夹克衫缝合背缝和肩缝的后一步是做领

    D.女西服在烫省时,要喷水熨烫,省缝应倒向袖窿方向

25.男西裤测量臀围时,由侧缝袋口的下端,前后片分别横向水平测量,允许偏差为( )。

    A.±0.6 cm   B.±1 cm   C.±1.5 cm   D.±2 cm

二、判断题(本大题共20小题,每小题2分,共40分)

判断下列各题的正误,正确的打"√",错误的打"×"。

26.在总领宽相同的情况下,领座越高,领后中线直上尺寸越大,领上口线越长,领子外观越平坦。   ( )

27.服装净样是服装的裁剪规格,不包括贴边、缝份。   ( )

28.后背撇势的量在胸腰差的总量中是一个固定的值。   ( )

29.连肩袖是指衣片的肩部与袖山部连成一体的袖。   ( )

30.在我国的服装号型标准中,体型分类代号B表示的胸臀差数为9~13 cm。   ( )

31.斜丝缕服装在制图时,围度应适当放宽规格,而在长度方向上则宜稍短。   ( )

32. 袢带设计是服装设计中常用的带状连接设计。 （　　）

33. 黄色是代表秋季成熟的颜色,是色相中最温暖的颜色。 （　　）

34. 从事服装美术设计必须具备服装制作工艺方面的知识。 （　　）

35. 根据褶堆积的方法可分为人工褶和自然褶。 （　　）

36. 纽扣设计可以从纽扣形状、大小、材质、位置这些方面进行设计。 （　　）

37. 在现代服装设计中,动物图案主要用于休闲服、童装。 （　　）

38. 创作阶段,是指心中意象逐渐明朗化并反复修改、完善的阶段。 （　　）

39. 给女衬衫压领时,从左领上口距离左领头5 cm处开始缉明线,明线宽0.1 cm。

（　　）

40. 男西裤的后开袋嵌线条可以不用粘衬,粘衬反而导致太硬不好缝制。 （　　）

41. 平烫时熨斗应沿着衣料的经向无规律地反复移动,且用力要有轻有重。 （　　）

42. 男西裤装串袋袢的位置,第一根位于前裥上,第二根位于侧缝上,第三根位于后省位上,第四根位于后中缝处。 （　　）

43. 整烫西服时,衣服上的粉印不用清理。 （　　）

44. 做袋盖,车缉圆角时,袋盖面要拉紧,以防袋盖翻出后袋盖圆角外翘。 （　　）

45. 男西服驳头处允许出现1～2 cm的大肚纱。 （　　）

三、简答题(本大题共4小题,每小题15分,共60分)

46. 请画出阴裥符号、拔开符号、重叠符号,并分别写出其符号的含义。

47.题47图为一片翻领的示意图,数字1—5表示衣领结构线,字母A、B表示部位名称,请写出任意五个数字字母所代表的结构线名称。

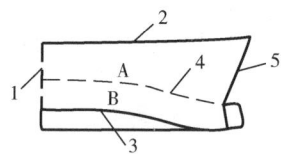

题47图

48.系列设计的灵感来源有哪些？分析题48图所示服装的设计灵感来源。

题48图

49.缝制一件全挂里的男西服时,除前衣身、挂面、手巾袋位外,还有哪些部位需要黏衬？请列举5个常规黏衬部位的名称。

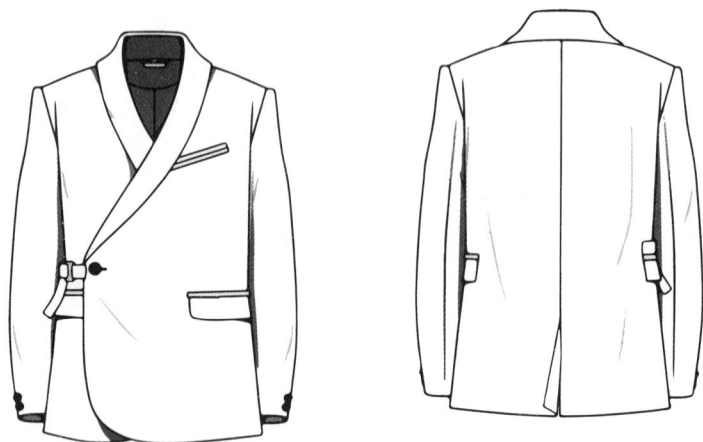

题49图

专业综合测试二

（满分200分,考试时间60分钟）

一、单项选择题(共25小题,每小题4分,共100分)

从每个小题的四个备选答案中,选出一个最符合题目要求的,并将答案标号填写在题后的括号内。

1.在服装结构制图中,细实线不能用于表示(　　)。

    A.图样结构的基础线　　　　　　　　B.下层轮廓影示线

    C.线与尺寸界线　　　　　　　　　　D.引出线

2.结构图 对应的款式图是(　　)。

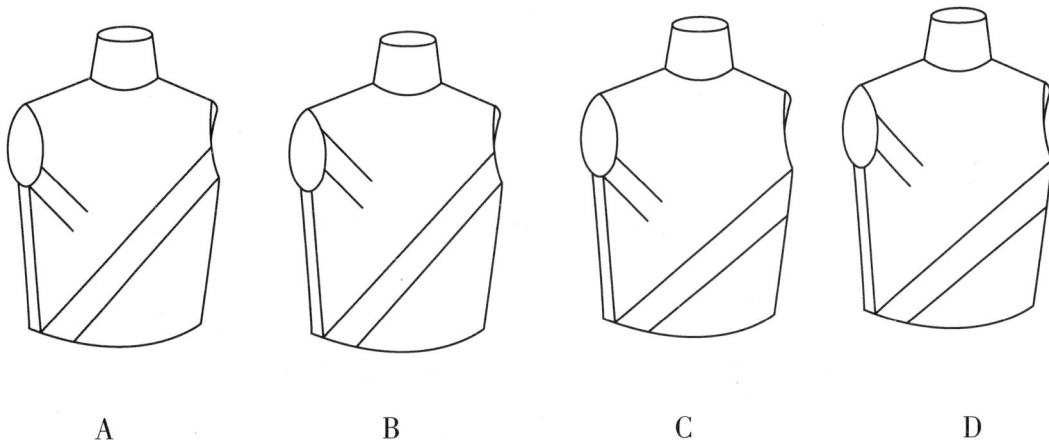

    A   B   C   D

3.款式图 对应的结构图是( )。

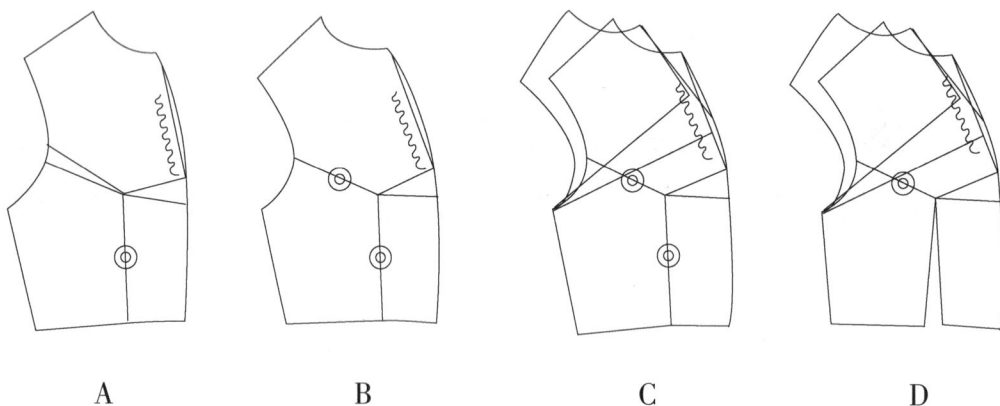

A   B   C   D

4.关于颈部和衣领的关系下列说法正确的是( )。

    A.衣领的造型一般为前领脚宽、后领脚窄

    B.上衣前、后领弧线的弯曲度一般是后平前弯

    C.立领和翻领领座的显著结构特征是下领弧线小、上领弧线大

    D.人体颈部呈上细下粗的规则圆台状

5.绱袖角度会影响袖子的活动性能,以下活动性能最好的运动服的绱袖角度是( )。

    A.0°   B.45°   C.60°   D.90°

6.在某高级定制店里,有一套型号为160/84C的合体女西服,最适合此西服的体型尺寸是( )。

    A.身高164,B88,W80   B.身高160,B83,W73

    C.身高170,B85,W81   D.身高158,B85,W79

7.一条西裤的成品臀围为100 cm,其前、后裆宽分别为( )。

    A.4 cm、10 cm   B.10 cm、4 cm

    C.3.5 cm、9 cm   D.9 cm、3.5 cm

8.一条直裙,成品腰围74 cm,臀围94 cm,前、后片各收一个省,制图时省的大小设计最合理的是(   )。

    A.1.5 cm   B.2.5 cm   C.3.5 cm   D.4.5 cm

9.下列关于尺寸测量的方法错误的是(   )。

    A.背宽是测量后腋点之间的距离

    B.胸宽是测量前腋点之间的距离

    C.前腰节长是肩颈点经胸高点向下量至腰部最细处

    D.背长是由肩颈点经肩胛点向下量至腰部最细处

10.题10图裙子的外廓形是(   )。

    A.A型   B.H型

    C.T型   D.X型

题10图

11.在实际应用中,我们常用(   )表现庄重感。

    A.暗色调   B.鲜色调

    C.暖色调   D.明度高的浅色调

12.在实际运用流行色的时候,必须综合考虑服务对象、穿着场合和服装的 (   )。

    A.色彩   B.款式   C.工艺   D.面料

13.用水墨泼墨法画出的图案属于(   )。

    A.几何图案   B.文字图案

    C.科技图案   D.不定形图案

14.美团外卖配送人员的服装,属于的职业装类型是(   )。

    A.标志性职业服装   B.日常职业服装

    C.专用职业服装   D.其他的职业服装

15.穿着COSPLAY服装逛街,其服装创意素材来源于(   )。

    A.仿生学启示   B.文艺作品启示

    C.主题构思   D.风格构思

16.题16图所示面料的再造形态属于(   )。

A.面料减型处理

B.面料立体处理

C.钩编处理

D.面料增型处理

17.如题17图所示,服装袖子创意的素材来源于(   )。

A.仿生学启示

B.文艺作品启示

C.主题构思

D.风格构思

题16图　　　　　　　　题17图

18.锁扣眼,是服装制作中很重要的一步。下列关于锁平头扣眼的说法,不正确的是(   )。

A.不用剪圆头

B.头尾两端不封口

C.不要打衬线

D.锁法与锁圆头扣眼相同

19.一台工业平缝机原本能正常使用,操作者在针尖受到磨损后,更换了相同型号的机针,而后却出现了断面线的现象。关于这个现象出现的原因,下列说法中正确的是(   )。

A.更换后的机针长槽位置位于操作者的右侧

B.面线过紧

C.底线过紧

D.更换后的机针长槽位置位于操作者的左侧

20. 如题20图所示,这是哪种缝型(　　)。

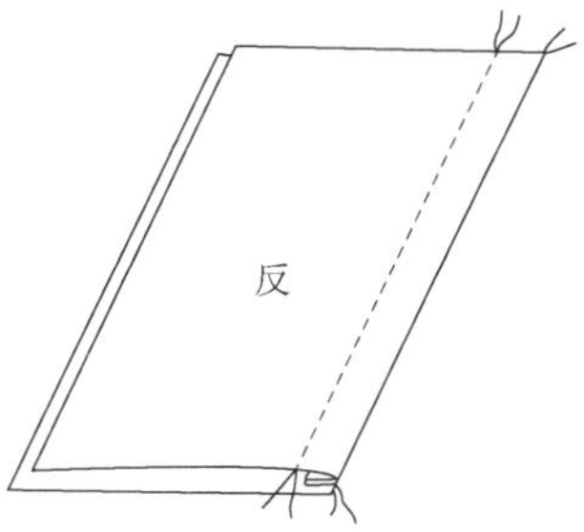

题20图

A. 来去缝　　　　　　　　　　　B. 坐缉缝

C. 暗包缝　　　　　　　　　　　D. 骑缝

21. 在熨烫一件灯芯绒服装时,不小心出现了极光现象,出现这种现象的原因是(　　)。

A. 熨烫湿度过大　　　　　　　　B. 熨烫时间过短

C. 熨烫温度过低　　　　　　　　D. 熨烫压力过大

22. 下列制作夹克衫的工艺流程中,排在最后的是(　　)。

A. 做袖子　　　　B. 开斜插袋　　　　C. 装领　　　　D. 装挂面和拉链

23. 下列关于下装的缝制工艺说法中正确的是(　　)。

A. 男西裤里襟拷边后,再粘衬

B. 牛仔裤的后袋位需要做缝制标记

C. 紧身裙的前、后裙片竖分割缝,缝合后烫分开缝

D. 紧身裙前、后裙片的腰节处需拷边

24. 下列关于上装的缝制工艺说法错误的是(　　)。

A. 男衬衫的过肩处不需要黏衬

B. 袖窿扎倒钩针的作用是使面料不松散,袖弧线不还口

C. 女衬衫的前刀背缝的缝头应倒向侧缝方向

D. 夹克衫用坐倒缝装袖夹里,缝份向袖子坐倒

25.关于经纬纱向技术规定,以下说法中不正确的是(　　　)。

　　A.男西服挂面,以驳头止口处经纱为准,倾斜不大于0.3 cm

　　B.男西服袖子经纱,以前袖缝为准

　　C.男西裤腰头经纱倾斜不大于1 cm,条格料倾斜不大于0.3 cm

　　D.男西裤前身经纱以熨烫线迹为准,倾斜不大于1 cm,条格料不允斜

二、判断题(共20小题,每小题2分,共40分)

　　判断下列各题的正误,正确的打"√",错误的打"×"。

26.贴边起到让服装更牢固的作用,主要用在面布内侧,绘图时用虚线"------"表示。　　　　　　　　　　　　　　　　　　　　　　　　　　　　　　　　　(　　　)

27.起翘是确保后裆缝拼接后腰口顺直的先决条件,后裆缝的斜度越大,起翘越高。

　　　　　　　　　　　　　　　　　　　　　　　　　　　　　　　　　　　　(　　　)

28.一步裙的结构设计中,后衩高度一般距离腰口40 cm左右。　　　　　　(　　　)

29.由于人体臀腰差的存在,裙侧缝线在腰口处会出现劈势。　　　　　　　(　　　)

30.在我国服装号型标准中,体型分类代号Y表示的胸臀差数为9~13 cm。　(　　　)

31.在设计无袖结构上衣时,袖窿的深浅可以自由设计,不需考虑其他因素。

　　　　　　　　　　　　　　　　　　　　　　　　　　　　　　　　　　　　(　　　)

32.在服装的分类里,按款式分为西服、夹克衫、裙、裤、条纹服装、棉服等。　(　　　)

33.服装中的对称是指重心平衡,所以均衡不是重心平衡。　　　　　　　　(　　　)

34.服装中的色彩是由基本色和流行色共同组成的。　　　　　　　　　　　(　　　)

35.服装设计创意具有两重性:一是从属性,二是独立性。　　　　　　　　(　　　)

36.几个或多个单独纹样可以构成连续纹样。　　　　　　　　　　　　　　(　　　)

37.女式礼服为突出女性曲线美,通常会有露肩、露背、高开叉等款式。　　(　　　)

38.透叠和层叠都属于面料的增型处理方法。　　　　　　　　　　　　　　(　　　)

39.钩针的作用是使斜丝部位不断线、不拉宽,以加强牢度并使其具有弹性。

　　　　　　　　　　　　　　　　　　　　　　　　　　　　　　　　　　　　(　　　)

40.明包缝常用于男两用衫、夹克衫等。　　　　　　　　　　　　（　　）

41.维纶服装熨烫时,不能喷水,但可以垫湿布熨烫。　　　　　　（　　）

42.熨烫定型是在加热的过程中实现的。　　　　　　　　　　　　（　　）

43.牛仔裤缝制时,可使用双针埋夹机缉合的部位有:下裆缝、后裆缝、小裆缝、后腰口拼片。　　　　　　　　　　　　　　　　　　　　　　　　　　（　　）

44.女衬衫装领时,领里下口的正面与领圈反面相叠,起落针时,领子比门里襟缩进0.1 cm。　　　　　　　　　　　　　　　　　　　　　　　　　　　（　　）

45.成衣质量检验时,检验的重点应放在成品的正面外观上。　　　（　　）

三、简答题(本大题共4小题,每小题15分,共60分)

46.某高级服装定制店准备为一位女士量体定制一套合体春秋职业装,面料选用无弹力中厚面料。该女士的身高为165 cm,三围尺寸分别为B86 cm、W70 cm、H90 cm,请为她设计合理的西服胸围、西裤腰围和臀围成品尺寸。

47.请解释连衣裙号型170/96C的含义。

48.简述童装是哪个年龄段穿的服装,童装包括哪些类型并详细写出各类型的年龄阶段。

49.如题49图所示的前衣身及袖子无夹里、后衣身半夹里的女上衣,请写出五个需要滚边的部位。

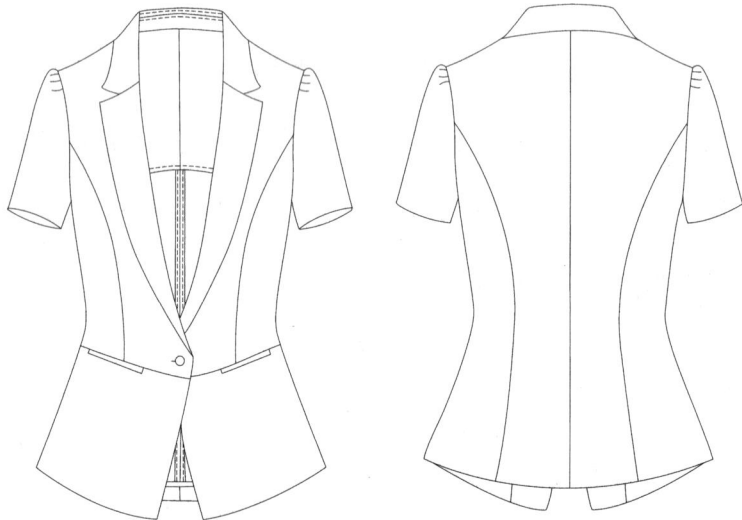

题49图

参考答案

项目练习

项目一 服装缝制工艺基础知识

任务一 手缝工艺基础

一、填空题

1.缝 缲 拱 锁 钩 2.面料的厚薄 质地 线的粗细 工艺需求

3.底边 袖口 领里 袖窿 裤底绸(任选其中三个部位均正确) 1～2 0.3

4.0.8 0.5 八字 5.暗针(拱针) 0.5 0.6 6.画扣眼 剪口眼 打衬线 锁针 收尾 7.门襟 里襟 锁针 8.平行二字形 交叉X形 口字方形

二、判断题

1.√ 2.× 3.× 4.√ 5.√ 6.√ 7.× 8.√ 9.× 10.×

三、单项选择题

1.A 2.A 3.B 4.B 5.D 6.C 7.C 8.A

四、看图填空题

明缲针 顺钩针 拉线袢 纳针 暗缲针 三角针

任务二 机缝工艺基础

一、填空题

1.英国 2.缝料越厚越硬 缝料越薄越软 3.左侧 4.针迹清晰 整齐 针距密度合适 5.夹线弹簧螺丝 梭皮螺丝 厚薄 松紧 软硬 6.14～18 8～12 7.缉倒

回针　打线结　8.2～3　0.3～0.5　3

二、判断题

1.√　2.√　3.×　4.×　5.×　6.×　7.√　8.×

三、单项选择题

1.C　2.D　3.C　4.D　5.B　6.A　7.B

四、看图填空题

①坐缉缝　②来去缝　③暗包缝　④平缝　⑤搭缝　⑥明包缝　⑦卷边缝

⑧分坐缉缝

任务三　熨烫工艺基础

一、填空题

1.熨烫湿度　熨烫温度　熨烫压力　熨烫时间　熨烫后的冷却

2.干烫　湿烫　盖布干烫　盖布湿烫　先盖湿布烫、后盖干布烫

3.布馒头　4.保护衣料　脱蜡全棉本白细布　5.推　拔　归

6.150～170　3～5　7.直扣烫　弧形扣烫　圆形扣烫

8.衣料平整　干爽　丝绺正直　9.弓形烫板

二、判断题

1.√　2.√　3.√　4.×　5.×　6.×　7.×　8.√　9.√　10.√

三、单项选择题

1.B　2.C　3.C　4.C　5.D　6.C　7.A　8.A　9.C

四、看图填空题

①弧形扣烫　②拔烫　③圆形扣烫　④倒烫　⑤归烫　⑥平烫分缝

五、简答题

1.①将带有极光、倒绒的织物铺在烫台上；

②取一块含水量较大的水布放在织物表面或使用熨斗连续给汽、反复擦动,使织物纤维恢复原状；

③烫好后用毛刷顺丝绺轻刷织物表面。

2.①将带水渍的布料铺在烫台上；

②盖一块湿布熨烫,利用熨斗的高温将水布上的蒸汽充分渗入织物内,使织物表面的水渍消散。

项目二　裙装缝制工艺

任务一　挂里拉链缝制工艺

一、填空题

1.粘衬　2.分开缝　扣烫平整　3.后裙片　0.2　4.卷边缝

5.0.2　倒回针　1.5

二、判断题

1.×　2.×　3.×

三、简答题

1.修剪夹里→扣烫夹里→装里子拉链→装后片拉链→装前片拉链

任务二　紧身裙缝制工艺

一、填空题

1.门襟封口高低　开袋位置　裙衩高低　2.前、后裙片左右竖分割缝

3.确定袋位　粘衬　开袋口　固定嵌线　兜缉袋布　4.0.8　倒吐

二、选择题

1.D　2.A　3.C　4.B　5.B　6.C　7.A　8.A　9.C　10.D

三、判断题

1.√　2.×　3.×　4.√　5.×

四、简答题

1.(1)前、后裙片除腰节外,其余分割缝、侧缝及底边都拷边。

(2)前裙片中间竖分割缝及前、后片侧缝单层拷边,前、后裙片左右竖分割缝双层一起拷边。

(3)里襟反面粘薄黏合衬并对折,双层一起拷边,门襟反面粘黏合衬并拷边。

(4)腰里、腰面粘薄黏合衬,腰里下口拷边。

2.正面熨烫均要盖上水布,喷水烫平。熨烫时,熨斗要直上直下,不能横推。熨斗的走向应与衣料的丝缕一致,以免裙子变形走样。

项目三　裤装缝制工艺

任务一　男西裤直插袋缝制工艺

一、填空题

1.直插袋　斜插袋　2.15~15.5　0.7~0.8　3.袋布　袋垫布

二、判断题

1.× 2.√ 3.√ 4.× 5.×

三、单项选择题

1.B 2.A 3.D 4.C 5.B

四、简答题

搭缉袋布→缉袋口明线→缉左侧袋垫布与裤片→固定后袋布袋口→缝袋开口→整烫

任务二　男西裤单嵌线袋缝制工艺

一、填空题

1.单嵌线(一字嵌线袋)　双嵌线　装袋盖嵌线　2.13.5　1　7　4.5

3.嵌线　后裤片反面袋位　4.0.8 cm　1或2根纱线

二、判断题

1.× 2.√ 3.× 4.√ 5.√

三、单项选择题

1.A 2.C 3.C 4.B

四、简答题

袋布2片、嵌线1片、袋垫布1片、嵌线衬和袋口衬各1片。

任务三　男西裤缝制工艺

一、填空题

1.打线钉　粉线标记　打线钉

2.裥位　烫迹线　斜插袋位　小裆高　中裆高　脚口贴边

3.省位　烫迹线　后袋位　后裆缝　中裆高　脚口贴边

4.后窿门横丝绺　中裆部位　5.袋口处反面　上下嵌线反面

6.0.3　0.1　0.15　7.前裥上　前片侧缝止口上　后缝居中处　1.6~1.8　四或五

8.门襟　里襟　0.8　9.三角针　10.保护面料

二、判断题

1.√　2.×　3.×　4.√　5.√　6.×　7.√　8.√　9.×　10.×　11.√

三、单项选择题

1.B　2.C　3.B　4.C　5.A　6.D　7.D　8.A　9.C　10.C　11.C

四、简答题

1.前裤片2片、后裤片2片、腰面1片、串带袢7根、门里襟各1片、斜插袋袋垫布2片、后袋嵌线布4片,后袋垫布2片。

2.后袋嵌线布、后裤片袋口反面处、门襟反面、里襟反面、腰面反面、侧缝斜插袋袋口衬

3.门襟外口拷边,里襟对折两层一起拷边,前后裤片除腰口不拷边,其余全部拷边,侧袋的袋垫布里口和下口拷边,后袋的下嵌线和袋垫布一边拷边。

五、看图填空题

拔　归　归　拔　归　拔

项目四　衬衫缝制工艺

任务一　连裁贴边的圆形领口缝制工艺

一、选择题

1.C　2.A　3.B

二、判断题

1.×　2.√　3.×　4.√　5.√

三、简答题

1.裁配领口与袖窿贴边—贴边粘衬拷边—绱合贴边与衣身—熨烫领口和袖窿—缝合肩缝—烫肩缝—缝合侧缝。

2.(1)前、后衣片各一片。

(2)前、后领口及袖窿贴边各一片。

(3)前、后领口及袖窿贴边的黏合衬各一片。

任务二　女衬衫缝制工艺

一、填空题

1.领面、领里　袖克夫　门、里襟

2.0.3　0.6　袖山头中心　中心两侧　均匀

3.0.3　方正　平整　4.0.6　里　面

5.前、后腰节　前刀背缝对档　底边折边宽处　腰省位　底边折边宽处　袖衩位对肩刀眼位

二、判断题

1.×　2.×　3.√　4.√　5.√　6.√　7.×　8.√　9.√

三、单项选择题

1.C　2.A　3.D　4.B　5.B　6.B

四、简答题

前衣片2片,后衣片1片,袖片2片,袖头2片,翻领里、面各1片,袖衩条两根

任务三　男衬衫缝制工艺

一、填空题

1.挂面宽(门里襟贴边宽)　胸袋位　底边贴边宽处　底边贴边宽处　后背中心
对肩刀眼　袖衩位　袖口褶　裥位

2.6　3　0.6　3.正面　门里襟　门襟　4.0.1　0.4

5.袖子　大身　肩缝　后身　0.8~1　拷边　6.0.7　1.5　0.1

二、判断题

1.√　2.×　3.×　4.×　5.√　6.×　7.√　8.√　9.×　10.×

三、单项选择题

1.B　2.C　3.B　4.C　5.B　6.D

四、简答题

1.(1)前衣片2片,后衣片1片,过肩2片,袋贴1片,袖片2片,袖克夫面、里各两片,
宝剑头袖衩大、小各2片,翻领2片,底领2片。

(2)做缝制标记→烫门、里襟挂面→做装胸贴袋→装过肩→缝合肩缝→做装领→做
装袖→缝合摆缝和袖底缝→装袖克夫→卷底边→锁眼钉扣→整烫。

项目五　西服缝制工艺

任务一　女西服缝制工艺

一、填空题

1.袖山中线　袖肘线　袖口折边线

2.直丝　1.2　底边圆角处　拉紧　平敷　带紧　带紧

3.坐进　坐出　0.5　水布

4.领缺嘴　翻驳点　0.3～0.4　0.7～0.8

二、判断题

1.×　2.×　3.√　4.×　5.√　6.√

三、单项选择题

1.D　2.B　3.B　4.B　5.C　6.A　7.B　8.D　9.B

四、简答题

1.前大身　挂面　领里　领面　嵌线（袖衩位 袖口折边可需要）

任务二　男西服缝制工艺

一、填空题

1.前片　后片　大袖片　小袖片　袋盖里　里袋布　里袋嵌线　扣祥片

2.前衣身　挂面　领面　手巾袋片

3.背缝线　背高线　腰节线　背衩线　底边线

4.后领圈处　后肩缝以下5 cm袖窿处　驳口线1 cm左右处　串口　门、里襟止口

5.做缝制标记　固定袖窿夹里

二、判断题

1.× 2.√ 3.× 4.√ 5.√ 6.× 7.√ 8.× 9.√

10.× 11.√ 12.√ 13.× 14.√ 15.× 16.× 17.×

三、单项选择题

1.D 2.B 3.C 4.A 5.B 6.C 7.A

8.B 9.D 10.A 11.B 12.B 13.D 14.B 15.D

四、简答题

1.嵌线、袋口、袋盖里、袋盖面、袖衩、袖口、背衩、牵带

2.扎袖窿→烫袖子→烫肩头→烫胸部→烫吸腰及袋口位→烫摆缝→烫后背→烫底边→烫前身止口→烫驳头、领头→烫夹里。

3.打线丁→ 粘黏合衬→ 收省→归拔→开手巾袋→开大袋→复胸衬→敷牵带→拼接耳朵片,开里袋→复挂面→翻烫止口→做后片→缝合摆缝,做底边→合肩缝→做领→装领→做袖→装袖→缲夹里与锁眼→整烫→钉纽

项目六   成衣品质检验

任务一   成衣检测流程

一、填空题

1.数量 规格 缩水率 色牢度 色差 强度 布面疵点

2.5% 2% 1%

3.缩水率 透气性 吸水性 耐光性 耐化学腐蚀性

4.缩水率测试 色牢度测试 耐热度测试

二、判断题

1.× 2.× 3.× 4.√ 5.√ 6.× 7.√ 8.√ 9.×

10.√ 11.× 12.√

三、单项选择题

1.A 2.D 3.B 4.C 5.A 6.B 7.C 8.D 9.B 10.C

四、简答题

1.设计检验→生产设备检验→原材料检验→裁剪用样板检验→工艺文件检验→裁片质量检验→缝制、熨烫检验→成衣质量检验→包装质量检验

2.自然缩率试验　干烫缩率试验　喷水缩率试验　水浸缩率试验　蒸汽缩率试验

任务二　服装质量检测标准

一、填空题

1.国家标准　行业标准　地方标准　企业标准

2.接单　大货生产准备　检品　反馈与平定

二、判断题

1.√ 2.× 3.× 4.√ 5.√

三、单项选择题

1.C 2.A 3.C 4.C

四、简答题

(1)检查服装成品数量及规格与生产工艺单相符;(2)检查产品外观的完整性、准确

性和整洁性与生产工艺单相符;(3)检查整体造型、平挺度与生产工艺单相符;(4)检查产品包装与生产工艺单相符。

项目七　拓展知识

任务一　装饰手法工艺

一、选择题

　　1.C　2.A　3.B　4.C

二、判断题

　　1.√　2.√　3.×　4.√　5.√

任务二　特殊缝型工艺答案

一、选择题

　　1.D　2.C　3.D　4.C

二、判断题

　　1.√　2.×　3.×

项目八　裤装拓展缝制工艺

任务一　连腰装拉链缝制工艺

一、判断题

　　1.×　2.×　3.√　4.√

二、选择题

1.D　2.B　3.A

三、简答题

面料:腰里2片,门、里襟各1片。

辅料:腰里(黏合衬)2片、门、里襟(黏合衬)各1片,拉链1根。

任务二　休闲女裤缝制工艺答案

一、填空题

1.省位　袋位　脚口开衩净粉　门襟开口位

2.省根　省尖　后裆缝

3.锁边　坐倒　0.1 cm

4.门襟　右　0.1

5.后腰面上口　脚口开衩上端止点　1 cm

6.0.8　0.1　里襟　门襟

二、判断题

1.×　2.×　3.√　4.√　5.×　6.×

三、单项选择题

1.B　2.A

四、简答题

(1)面料类:前裤片四片,后裤片两片,后腰拼两片,后腰面一片,腰里三片,门、里襟各一片,贴袋布两片,袋盖布两片,脚口贴边四片。

(2)衬料类:腰衬四片、袋盖衬两片,门、里襟衬各一片。

其他:拉链一根,纽扣11粒。

任务三　牛仔裤缝制工艺

一、填空题

1.后袋位　表袋位　月牙袋位　门襟长度　裤脚折边处

2.双针埋夹机　3.0.5 cm　4.0.6 cm　0.2 cm　5.小裆　裤腰

6.3 cm　7.月牙袋口　后拼片　8.袋布　袋垫上口　袋垫外侧边　袋布

9.扣烫　下口

10.串袋祥上、下　月牙袋口两边　门襟、后袋口两边　裆底十字点处

二、判断题

1.√　2.×　3.×　4.×　5.√　6.√　7.√　8.×　9.√　10.×

三、单项选择题

1.D　2.A　3.B　4.C　5.B　6.A　7.B　8.C　9.C

四、简答题

1.(1)前裤片2片,前侧裤片2片,后裤片2片,后侧裤片2片,后裤腰腰口拼接片2片,腰面、里各3片,串带祥6根,门、里襟各1片,月牙袋袋垫布2片,内贴袋袋布1片,后贴袋2片。

(2)门襟、里襟、腰面、腰里。

2.检查裁片→做缝制标记→缉合后腰口拼片→做、装后袋→缝合后裆缝→做、装表袋→做、装月牙袋→装门里襟拉链、缝合前裆缝→缝合侧缝→缝合下裆缝→做串袋祥和腰头→装、压串袋祥及腰头→压脚口→封套接、锁眼和钉扣→整理→整烫→检验。

3.退浆→石磨、石洗→漂白→染洗→喷砂、打砂

项目九　春秋装缝制工艺

任务一　Polo衫领缝制工艺

一、填空题

1.门襟　里襟　领里　领面　2.翻领　螺纹(成品横机领)　人字带

3.领口中心线偏右1.5 cm　4.领口　开襟长度向上1 cm

5.衣身　反面　6.正　折叠　装领缝头　7.三角

8.缉还　归拢　拉伸　(归拢　缉还　拉伸)

二、单项选择题

1.D　2.B　3.A　4.D　5.D　6.A

三、判断题

1.×　2.√　3.×　4.√　5.×　6.√　7.×　8.×　9.×　10.√

四、简答题

1.①扣烫门、里襟　②开襟定位、开剪　③做里襟　④做门襟　⑤熨烫门襟　⑥封三角　⑦缝合肩缝　⑧做领　⑨做包边牵条　⑩装领,压缉门、里襟

2.前衣片　后衣片　门襟　里襟　领里　领面　包边牵条

任务二　立体贴袋缝制工艺

一、填空题

1.风琴袋 风琴　2.风衣　夹克衫　休闲裤　3.袋口线　4.袋口线

二、单项选择题

1.D　2.C　3.C

三、判断题

1.×　2.×　3.×　4.√　5.√　6.×

四、简答题

1.(1)工艺流程的名称:①合缉袋布和侧袋布　②缉袋口贴边

③勾缉袋盖　④装袋布和袋盖　⑤做侧袋布

(2)工艺流程排序:②→⑤→③→①→④

任务三　夹克衫缝制工艺

一、填空题

1.坐缉缝　后衣片　2.√条对格

3.挂面里口　夹里止口　上层　0.7～0.8　夹里

4.挂面　后领贴边　0.8　后片　分开缝

5.√肩眼刀　袖口褶裥位置　袖衩长位置　6.Y型　外侧

二、判断题

1.×　2.√　3.×　4.×　5.×　6.×　7.×　8.√

三、单项选择题

1.B　2.C　3.D　4.B　5.D　6.A

四、简答题

1.衣身衬四片、挂面衬两片、领面衬两片、领面衬两片、袋嵌线衬两片、袖克夫衬两片、扣襻衬两片、后领贴衬一片。

做缝制标记→黏衬→开斜插袋→装挂面和拉链→缝合背缝合肩缝→做装领→做装袖→做扣襻,缝合摆缝合袖底缝→做装袖克夫→卷底边→手工→整烫→检验

附录　服装名词术语

一、填空题

1.驳口线　2.领下口　3.后底领宽　后翻领宽　4.下裆

5.烫迹线(挺缝线)　6.中裆　7.L　Ram　8.抽碎褶　9.拔裆

10.后过肩　11.S

二、判断题

1.×　2.√　3.×　4.×　5.√　6.×　7.×　8.√　9.√

三、单项选择题

1.D　2.C　3.A　4.B　5.D　6.A　7.D　8.B

四、看图填空题

风琴袋　压片贴袋　明裥袋　蓬蓬袖　喇叭袖　插肩袖

学科综合测试题

基础知识测试一

一、填空题

1.长短绗针　2.倒回针　打线结　3.左侧　4.机针越粗　机针越细

5.短绗针或缝针　6.三角针　7.平缝　8.180～200 ℃

9.织造黏合衬或有纺衬　非织造黏合衬或无纺衬　10.尼龙织品

二、单项选择题

1.D 2.C 3.D 4.C 5.C 6.A 7.D 8.B 9.A 10.B

三、判断题

1.√ 2.× 3.√ 4.√ 5.× 6.× 7.√ 8.× 9.√ 10.√

四、简答题

1.(1)画扣眼 (2)剪扣眼 (3)打衬眼 (4)锁针 (5)收尾

2.(1)熨烫温度 (2)熨烫湿度 (3)熨烫压力 (4)熨烫时间 (5)冷却

3.①将带有极光、倒绒的织物铺在烫台上;

②取一块含水量较大的水布放在织物表面或使用熨斗连续给汽,反复擦动,使织物纤维恢复原装;

③烫好后用毛刷顺丝绺轻刷织物表面。

基础知识测试二

一、填空题

1.厚薄 工艺 2.增强牢度 3.底线略放松 4.0.15 cm 0.3 cm

5.左侧 6.长烫凳 7.150~170 ℃ 3~5 8.2~3 0.3~0.5

9.三角针 10.80 ℃以内

二、单项选择题

1.D 2.A 3.B 4.A 5.D 6.D 7.B 8.C 9.C

三、判断题

1.√ 2.× 3.× 4.√ 5.× 6.× 7.× 8.√ 9.× 10.√

四、简答题

1.① 与面料的厚薄相宜　②与面料的色泽相配　③与面料的耐热性能相应　④与面料的缩水率相近　⑤与面料的风格、手感相符　⑥与面料的价值相当

2.衬衫熨烫步骤按:从上到下熨烫。衣领:从两端向中间熨烫;衣袖,从衣袖的底部向肩部熨烫;衣身,先烫前片,然后是后片。

3.①坐缉缝　②来去缝　③暗包缝　④平缝　⑤搭缝

上装知识测试题一

一、填空题

1.后衣片　2.袖克夫　门里襟　3.0.3　4.3　5.分开缝　6.袖窿　酒窝

7.圆顺　饱满　8.前衣片　9.轧袖窿　10.±0.6

二、判断题

1.√　2.√　3.×　4.×　5.√　6.√　7.×　8.√　9.×　10.×

三、单项选择题

1.C　2.B　3.D　4.A　5.D　6.C　7.C　8.B　9.B　10.C

四、简答题

1.轧袖窿→烫袖子→烫肩头→烫胸部→烫吸腰及袋口位→烫摆缝→烫后背→烫底边→烫前身止口→烫驳头、领头→烫夹里。

2.前衣片2片,后衣片1片,过肩2片,贴袋1片,袖片2片,袖克夫里、面各2片,宝剑衩大、下各2片,翻领2片,底领2片。

3.驳口线、缺嘴线、手巾袋位、前袖窿装袖对档位、腰节线、大袋位、胸省线、底边线、纽位。

上装知识测试题二

一、填空题

1.烫夹里　2.侧缝　3.0.3 cm　0.6 cm　4.坐缉缝　后身　5.略放吃势　6.滚边

7.略少　少放　8.3.5 cm　厚薄　9.盖烫布　10.打线钉

二、选择题

1.C　2.D　3.B　4.A　5.D　6.C　7.C　8.D　9.A　10.D

三、判断题

1.√　2.√　3.×　4.×　5.×　6.√　7.×　8.√　9.×　10.√

四、简答题

1.后领圈,后肩缝以下 5 cm 袖窿处,驳口线 1 cm 处,串口,门里襟止口。

2.嵌线　袋口　袋盖面　袋盖里　袖口　袖衩　背衩、牵带

3.(1).归烫　(2)归烫　(3)拔烫　(4)归烫　(5)归烫

下装知识测试题一

一、填空题

1.来去缝　2.白棉线　3.后裆缝　4.1～2 根纱线　5.封三角　6.打线丁

7.3.5 cm　8.五线锁边　9.分坐缉缝　10.薄而柔软又滑爽

二、单项选择题

1.D　2.B　3.C　4.B　5.A　6.D　7.C　8.B　9.C　10.A

三、判断题

1.×　2.√　3.√　4.√　5.×　6.√　7.√　8.×　9.×　10.×

四、简答题

1.第一根串带袢对准前片第一个褶裥,第二根在前侧缝止口,第四根后串带袢对准后裆缝,第三根带袢在第二根与第四根中间。

2.退浆→石磨、石洗→漂白→染洗→喷砂、打砂

3.(1)归　(2)拔　(3)归　(4)拔　(5)归　(6)归

下装知识测试题二

一、填空题

1.0.4 cm　2.0.8 cm～1 cm　3.缝合裤片侧缝　4.做缝制标记　5.腰口

6.三角针　7.右边　8.开袋位粘衬　9.0.15　10.袋角剪得过足

二、单项选择题

1.D　2.D　3.A　4.D　5.A　6.D　7.B　8.C　9.B　10.C

三、判断题

1.√　2.√　3.√　4.×　5.√　6.×　7.×　8.×　9.×　10.×

四、简答题

1.门、里襟反面黏衬,腰面、里反面黏衬,侧缝袋口处反面黏衬,后袋袋口反面黏。

2.省位,烫迹线,后袋位,后裆缝,中裆高,脚口贴边。

3.(1)前裤片 2 片,后裤片 2 片,后裤片腰口拼接 2 片,腰面、里各三片,串带袢 6 根,门、里襟各 1 片,月牙袋袋垫布 2 片,内贴袋布 1 片,后贴袋 2 片。(2)腰面、里黏衬,门、里襟黏衬。

服装设计与工艺专业综合测试题

专业综合测试一

一、单项选择题

1.A 2.B 3.D 4.B 5.D 6.A 7.C 8.C 9.A 10.A

11.B 12.D 13.D 14.C 15.D 16.A 17.B 18.D 19.A 20.D

21.A 22.D 23.C 24.A 25.D

二、判断题

26.× 27.× 28.× 29.√ 30.× 31.√ 32.× 33.× 34.√ 35.× 36.√ 37.√

38.× 39.√ 40.× 41.× 42.× 43.× 44.× 45.×

三、简答题(共4小题,每小题15分,共计60分)

46.(1)阴裥符号 ⌐⌐ (2分)表示裥量在内的褶裥。(3分)

(2)拔开符号 ⟋⟍ (2分)表示在缝制时应稍拉宽的部位。(3分)

(3)重叠符号 (2分)表示相关样板交叉重叠,衣片在重叠部位各自保持完整。(3分)

47.A翻领;B底领(领座);1领后中线;2领上口(弧)线;3领下口(弧)线;4翻折线;5前领口线。

48.(1)灵感来源有:①自然界(2分) ②社会动向(2分) ③年代主题(2分)。

(2)题48图的灵感来源于年代主题。(3分)在20世纪80年代女性时装就大量采用垫肩,突出女强人的感觉。而图中也正是采用了夸张的垫肩设计,展示了复古情怀。(下

画线是重点,3分一个)

49.袋盖(里)、袋盖(面)、领面、嵌线、袖叉、袖口、后领贴、背衩牵带。

专业综合测试二

一、单项选择题(共25小题,每小题4分,共计100分)

1.B　2.B　3.B　4.B　5.D　6.D　7.A　8.B　9.D　10.C　11.A　12.B　13.D

14.D　15.B　16.B　17.A　18.B　19.A　20.A　21.D　22.A　23.B　24.C　25.A

二、判断题(共20小题,每小题2分,共计40分)

26.×　27.√　28.√　29.√　30.×　31.×　32.×　33.×　34.√　35.√　36.×　37.√

38.×　39.√　40.√　41.×　42.×　43.×　44.√　45.√

三、简答题(共4小题,每小题15分,共计60分)

46.(1)胸围94、95、96 cm均可(因春秋合体职业装胸围放松量为8~10 cm,所以需在净胸围基础上加8~10 cm,所以胸围合理设计范围为94~96 cm,5分)

(2)腰围71.72 cm(西裤腰围的放松量为1~2 cm。5分)

(3)臀围97~100 cm均可(西裤臀围的放松量为7~10 cm,5分)

47.170是号(1分),表示身高(2分),表示适合身高范围在168~172 cm的人穿着(2分);

96是型(1分),表示胸围(2分),表示适合胸围范围在94~97 cm的人穿着(2分);

C是体型代号(2分),表示胸围与腰围的差数范围是4~8 cm(3分)。

48.①童装主要是指从出生开始到初中这一阶段的孩子穿着的服装。(3分)

②类型及年龄段:婴儿装(1分)(1岁以前)(2分)

幼儿装(1分)(1~6岁)(2分)

学童装(1分)(7~10岁)(2分)

少年装(1分)(11~15岁)(2分)

49.前片刀背缝、前边底边、前片摆缝、前腰节分割缝、挂面外口、后片刀背缝、后片背中缝、后片底边、后片摆缝、袖口、袖隆、袖底缝。